LA

GÉOGRAPHIE MILITAIRE

ET LES

NOUVELLES MÉTHODES GÉOGRAPHIQUES

INTRODUCTION A L'ÉTUDE DE L'EUROPE CENTRALE

Par O. BARRÉ

CHEF DE BATAILLON DU GÉNIE
PROFESSEUR A L'ÉCOLE D'APPLICATION

AVEC 37 FIGURES ET 3 PLANCHES EN COULEURS

LIBRAIRIE MILITAIRE BERGER-LEVRAULT & Cie

Éditeurs de la « Revue du Génie militaire »

PARIS	NANCY
5, rue des Beaux-Arts, 5	18, rue des Glacis, 18

1899

LA

GÉOGRAPHIE MILITAIRE

ET LES

NOUVELLES MÉTHODES GÉOGRAPHIQUES

NANCY, IMPRIMERIE BERGER-LEVRAULT ET Cie.

LA
GÉOGRAPHIE MILITAIRE

ET LES

NOUVELLES MÉTHODES GÉOGRAPHIQUES

INTRODUCTION A L'ÉTUDE DE L'EUROPE CENTRALE

Par O. BARRÉ

CHEF DE BATAILLON DU GÉNIE

PROFESSEUR A L'ÉCOLE D'APPLICATION

AVEC 37 FIGURES ET 3 PLANCHES EN COULEURS

LIBRAIRIE MILITAIRE BERGER-LEVRAULT & Cie

Éditeurs de la « Revue du Génie militaire »

PARIS	NANCY
5, rue des Beaux-Arts, 5	18, rue des Glacis, 18

1899

LA

GÉOGRAPHIE MILITAIRE

ET LES

NOUVELLES MÉTHODES GÉOGRAPHIQUES

AVANT-PROPOS.

Une grande querelle divise en ce moment les géographes. Les uns, *les littéraires,* qui jusqu'ici avaient régné en maîtres dans l'enseignement, protestent contre l'envahissement du domaine qu'ils considéraient comme leur apanage et voient toutes sortes de maux découler de l'abandon de leurs procédés purement descriptifs. Les autres, *les scientifiques,* marchent comme à l'assaut pour conquérir la place et veulent imposer leur méthode, la méthode *géomorphogénique.*

Les géographes militaires ne peuvent rester neutres, leur profession les pousse au combat; de quel côté vont-ils se ranger ?

Selon nous, il n'y a pas d'hésitation possible; il faut suivre la méthode scientifique, et encore, entendons-nous bien, ne pas se contenter des bonnes petites observations géologiques surannées et même erronées qui émaillent nos traités, mais aborder ces terribles considérations géomorphogéniques dont le nom seul donne le frisson à ceux qui ont peur de l'inconnu. Hâtons-nous de dire que là

comme partout la peur est mauvaise conseillère et que cet
épouvantail se transforme en quelque chose de très sédui-
sant lorsqu'on a le courage de l'aborder et de franchir le
mauvais pas de quelques petites définitions.

Et, tout d'abord, que veut dire le mot nouveau et compliqué de géomorphogénie? Tout simplement l'étude ra-
tionnelle des formes du sol.

Ces formes dérivent, on le sait, de trois causes primor-
diales : *la nature des matériaux du sol, l'ordre architectural* qui y a été établi par les mouvements mécaniques qui
ont bouleversé la surface du globe, enfin, la *sculpture*
surimposée à cette architecture par les agents extérieurs.
La géomorphogénie montre la part qu'il convient de faire
à chacune d'elles; elle permet de distinguer la ligne fondamentale de la simple broderie, le mur d'assise ou de
soutènement du simple placage, en un mot, de se rendre
compte du *pourquoi des choses*.

Mais, me direz-vous avec les littéraires, à quoi peut
bien servir l'examen de ces causes qui vient alourdir
notre bagage? Contentons-nous donc de décrire aussi
bien que possible les formes extérieures du terrain et
passons vite à ces considérations historiques qui sont le
meilleur de notre science et ont été jusqu'ici le caractère de *notre vieille méthode française,* qu'il ne faut pas
abandonner, — la chose a été dite, — pour ces procédés compliqués et nébuleux qui nous viennent de par
delà les frontières et qui ne vont pas avec notre tempérament national.

Nous apprécions toute la puissance qu'ont en ce moment les arguments patriotiques et nous nous garderons
bien de nous heurter contre eux; mais vous m'avouerez
que la méthode géomorphogénique viendrait-elle tout en-
tière de l'étranger, *ce qui n'est pas,* ce ne saurait être une
raison suffisante pour décrire les choses d'une façon irra-
tionnelle et pour se priver des enseignements qu'ont

fournis les observations de toute une cohorte de gens éminents.

Mais procédons par ordre. Est-il bien sûr que les scientifiques veuillent exclure de l'enseignement de la géographie tous les souvenirs historiques, tous les aperçus variés qui en font le charme, pour n'y laisser subsister que des considérations techniques arides et intelligibles seulement pour quelques initiés? C'est les juger trop mal. Tout autre est leur désir. Ils se contentent de faire observer qu'il ne faut jamais confondre le moyen et le but; que la géographie a des branches nombreuses que l'on désigne à l'aide de qualificatifs variés, qu'il y a la géographie historique, la géographie politique, la géographie économique, voire même la géographie militaire, mais que toutes ces branches ont un tronc commun, indépendant de toute végétation parasite, et qui est la géographie physique. *Or celle-ci a sa méthode propre qui est non seulement de décrire les formes du sol, mais d'en indiquer la raison.*

Outre, en effet, qu'il est légitime, pour un esprit cultivé, de chercher à se rendre compte du pourquoi des choses, des motifs d'ordre absolument pédagogique imposent cette manière de voir. Que penserait-on de quelqu'un qui voudrait décrire un édifice en ne tenant compte que de ses surfaces extérieures et sans se douter de sa structure interne? Qu'il s'expose, n'est-ce pas, à faire une description complètement inintelligente où les éléments les plus disparates seront groupés au hasard et où la division en étages et en corps de logis aura bien peu de chances d'apparaître. Eh bien! c'est ce qui arrive à tous les géographes par trop littéraires et même à quelques-uns de ceux qui se croient scientifiques. Ils groupent ou divisent un peu au hasard, et il en résulte les conséquences les plus fâcheuses jusque dans les considérations étrangères à la géographie physique qu'ils veulent tirer de leurs descriptions. Nous voulons en donner quelques exemples sans sortir de ce qui regarde le métier des armes.

1) Lorsqu'on parle du système des Vosges et que l'on veut en indiquer les limites, on n'éprouve aucun embarras pour la partie méridionale, qui se termine fort nettement à la dépression de Belfort; mais on est assez gêné pour la partie septentrionale que l'on désigne sous le nom de *Haardt*. Les uns la prolongent, par esprit géométrique, jusqu'à la vallée de la Nahe; d'autres disent que *la borne terminale des Vosges est le mont Tonnerre* [1]. Tous font erreur parce qu'ils ne veulent s'appuyer que superficiellement sur la géologie et ne reconnaissent pas qu'entre le Hunsrück et les Vosges s'étend une troisième catégorie de hauteurs ayant ses caractères propres, les montagnes du Palatinat, bien désignées cependant sur les cartes allemandes sous le nom de *Pfalzgebirge*.

Si l'on regarde, en effet, une carte géologique, on voit que les terrains gréseux du trias, auxquels les basses Vosges et le Haardt doivent leur aspect caractéristique, s'arrêtent un peu au nord de Kaiserslautern, dessinant là, au point de vue topographique, deux crêtes, l'une dirigée dans le sens général E.-O., les *Sickingerhöhe*, l'autre dans le sens général N.-S., la *Frankweide*, et dont l'ensemble forme comme une sorte de bastion qui est la fin du système des Vosges. Au nord de Kaiserslautern, au contraire, apparaissent des terrains plus anciens, les terrains permiens, au milieu desquels surgissent des affleurements éruptifs à peu près contemporains. L'aspect du sol change complètement. Ces masses éruptives ont été plus résistantes à l'érosion que le terrain permien encaissant; elles sont, par suite, restées en saillie, et il en est résulté une topographie confuse comprenant une suite de bosselements isolés les uns des autres et n'ayant aucune analogie avec les formes massives et continues de la région du Haardt. Le mont Tonnerre

---

1. Niox. *France.*

est une de ces hauteurs ; on le cite dans les Traités de géographie, parce qu'il est le point culminant, mais on pourrait citer bien d'autres protubérances analogues. L'ensemble de cette région forme les *Pfalzgebirge*, et l'on voit
que l'on n'a pas le droit de les souder aux Vosges en totalité ou en partie.

Cette confusion a, au surplus, des inconvénients fort
graves en géographie militaire. On conçoit, d'après ce qui
vient d'être dit, que les routes ont dû se développer facilement dans la région des Pfalzgebirge, elles n'ont eu
qu'à contourner les bossellements dont nous avons parlé ;
on peut donc dire que, de Kaiserslautern au Hunsrück, on
a une zone de marche relativement commode. Au sud de
Kaiserslautern, au contraire, le bastion terminal des Vosges, et particulièrement la face désignée sous le nom de
Frankweide, a singulièrement modéré le développement
des voies de communication. On a donc là une zone moins
vivante au point de vue militaire, et ce n'est que lorsque
l'épaisseur de la bande gréseuse se réduit, c'est-à-dire
dans les Basses-Vosges, que le faisceau routier redevient
plus touffu. Il n'est donc point juste de considérer le pays
qui s'étend de Saverne au Hunsrück comme homogène au
point de vue militaire, et une bonne division géographique nous fera mieux comprendre les nuances qui existent dans la distribution des voies de communication,
nuances qu'il est bien plus utile d'indiquer dans l'enseignement que la nomenclature détaillée de ces voies.

2) L'exemple précédent montre les inconvénients d'une
mauvaise division venant elle-même de l'ignorance de la
nature des matériaux du sol. Celui que nous allons donner montre les effets fâcheux de l'ignorance de l'architecture qui a présidé à la disposition de ces matériaux.

Dans les descriptions de l'Europe centrale, on distingue un *Jura français* et un *Jura allemand*. On fait
souvent du second la suite du premier et on parle du
plissement du Jura allemand qui dessine avec le plissement

du Thüringerwald une sorte d'X dans l'Allemagne centrale[1]. Autant de notions préjudiciables à la connaissance exacte des choses.

Le Jura allemand et le Jura français présentent de grands affleurements de terrains contemporains, le terrain jurassique, d'où, une certaine similitude de composition du sol; mais là doit s'arrêter toute comparaison, car l'architecture et, avec elle, l'aspect des deux pays diffèrent essentiellement.

Tandis, en effet, que la presque totalité du Jura français appartient à la grande zone plissée que constitue le *ridement alpin*, le Jura allemand est complètement extérieur à cette zone et ne doit son relief qu'à un jeu de cassures ou failles qui a compartimenté cette région. Cette différence d'architecture se traduit, on le conçoit, dans les formes générales du sol.

Tandis que dans le Jura français celui-ci présente comme une suite de vagues successives déjà plus ou moins démantelées par l'érosion, le Jura allemand forme comme de grandes tables à surface légèrement inclinée. Les deux régions sont physiquement différentes, l'une est *plissée*, l'autre est *tabulaire*.

Point n'est besoin maintenant d'insister beaucoup pour montrer l'importance qu'a cette distinction au point de vue militaire. Dans l'une des régions, celle qui est plissée, les routes doivent non seulement s'élever sur ce que l'on appelle le plateau du Jura, mais y franchir une suite d'obstacles successifs, soit en les gravissant par de nouvelles pentes, soit en les traversant à l'aide des coupures étroites ou cluses que suivent les eaux. Dans l'autre, celle qui est tabulaire, l'effort à faire se réduit à monter sur le plateau; une fois qu'on y est arrivé, la difficulté est vaincue, les mouvements de troupes sont faciles. On voit donc le mal que la confusion entre ces deux régions peut pro-

---

1. Niox. *Résumé de géographie.*

duire et l'avantage de la mise en évidence de l'architecture du sol.

3) Un dernier exemple va nous prouver que si l'on ne doit pas négliger, dans l'enseignement de la géographie militaire, ni la nature des matériaux du sol ni leur disposition architecturale, on ne doit pas non plus passer sous silence ce qui est relatif à la sculpture surimposée à cette disposition. Nous le trouverons dans l'examen d'une petite partie de cette région à laquelle on a donné si improprement la dénomination de *Bassin parisien*[1], dénomination faite pour fausser les idées dès le début de l'étude qu'on en veut entreprendre.

Les assises du sol de la partie orientale du Bassin parisien ont une disposition architecturale fort simple; elles sont, pour des raisons que nous ne développerons pas pour l'instant, doucement inclinées vers un centre de figure constitué à peu près par Paris. Elles apparaissent comme coupées en biseau par la surface topographique et dessinent, suivant l'expression de M. de Lapparent, une série d'auréoles grossièrement concentriques. Les parties dures de ces auréoles ont été mises en évidence par l'érosion suivant des lois maintenant bien étudiées[2], et il en est résulté une disposition en terrasses terminées, à l'est, par des sortes de corniches plus ou moins nettes. Les géographes, et en particulier les géographes militaires, interprétant mal ces lois et guidés par un esprit purement géométrique, ont fait de ces corniches occasionnelles une suite de crêtes et de remparts disposés entre Paris et la

---

1. Ce mot de *bassin* laisse en effet supposer une continuité et une homogénéité que la Région parisienne orientale n'a pas en réalité. Et lorsque les géographes, se laissant entraîner par cette définition, veulent y plier la réalité et comparent les affleurements successifs des terrains sédimentaires du territoire qui s'étend de Paris aux Vosges, aux *laisses* successives des anciennes mers se retirant peu à peu, ils entassent les erreurs au détriment des bonnes connaissances géographiques. Le sujet serait intéressant à développer, mais il nous entraînerait trop loin pour le moment.

2. Travaux de MM. DE LA NOE et DE MARGERIE, *Les formes du terrain.*

frontière, de telle sorte que l'expression : *les sept crêtes de la frontière du nord-est*, est devenue courante et s'est peu à peu imposée dans le langage au détriment de la connaissance judicieuse du terrain. Il faut bien le répéter, le rempart, quand il existe, n'est que bien modeste ; il n'est continu que dans deux ou trois auréoles et, dans d'autres, il se réduit à un talus qui n'apparaît que par places et à titre d'exception.

Prenons, par exemple, l'auréole infracrétacée. Nous y trouvons bien, au nord, un relief assez accusé qui est celui de la forêt d'Argonne et qui est dû à ce que les couches du sol présentent, par exception, une certaine consistance ; mais, au sud, ce relief disparaît et la région de la *Champagne humide*, qui fait suite à l'Argonne en s'intercalant entre le Barrois et la Champagne pouilleuse, n'offre aux yeux que des formes molles. On y cherche en vain le rempart, la troisième crête du bassin parisien, *celle du grès vert, caractérisée par les trois villes de Bar-le-Duc, Bar-sur-Aube, Bar-sur-Seine dont les noms indiquent les digues ou barrières naturelles que percent la Seine, l'Aube et l'Ornain*[1] ; et si les villes précitées sont désignées par une appellation commune, ce n'est ni à cause du grès vert[2] qui, dans cette région, n'est qu'un sable peu consistant, ni à cause d'une digue qu'auraient percée les rivières et qui est absente, mais parce qu'elles se trouvent à l'issue de longs couloirs pratiqués par l'érosion dans la terrasse jurassique supérieure.

Nous n'insisterons pas, les idées de crêtes et de remparts

---

1. Niox. *France.*

2. Même quand il s'agit de l'Argonne, les géographes commettent une faute en se servant de l'expression de grès vert pour définir la nature du sol. Non seulement les sables verts de cette région ne sont pas agglutinés en roche compacte, mais ce n'est même pas cette assise qui détermine le relief de l'Argonne. Celui-ci doit son apparition à la résistance d'une assise supérieure aux sables verts, celle de *gaize* qui forme le couronnement de la série infracrétacée. Nous n'insistons d'ailleurs sur ce point, un peu technique, que pour montrer l'inconvénient des définitions semi-scientifiques.

justifiées *dans une certaine limite* ont assez fait de mal, dans les conceptions militaires, par leur exagération, pour qu'il soit besoin d'appeler l'attention sur la nécessité de présenter les choses comme elles sont.

Voilà qui est bien, direz-vous. Nous sommes convaincus et nous admettons que les divisions de la géographie physique et les bases de toutes les descriptions ne peuvent être indiquées que par des gens qui ont étudié le *pourquoi des choses*.

Mais pourquoi transporter tout cela dans l'enseignement? Ne suffira-t-il pas de diviser et de décrire judicieusement mais sans indiquer les causes? Les élèves croiront bien sur parole.

C'est ce que nous ne voulons point admettre; et on n'aurait là, nous le disons très hautement, que du fort mauvais enseignement. Permettez-nous à ce sujet une petite comparaison. Que penseriez-vous d'un instructeur qui ferait apprendre la nomenclature du revolver ou du fusil sans indiquer à quoi sert chacune des parties de ces armes? Sans doute qu'il aura bien de la chance si les élèves tirent un profit quelconque de son instruction. Eh bien! pourquoi voulez-vous qu'il en soit autrement dans l'enseignement de la géographie? Là, comme partout, *celui qui ne sait pas le pourquoi des choses est profondément inférieur à celui qui le sait*.

Une objection cependant paraît avoir quelque valeur. C'est celle qui consiste à dire qu'il faut savoir se limiter, que la géomorphogénie, étant donné son nom, doit être bien difficile et que les militaires n'ont pas le loisir de l'aborder. C'est cette objection que nous prétendons détruire.

Certes, les travaux des géologues sont ardus. Mais il ne s'agit pas d'en entreprendre la suite; il suffit au géographe d'en comprendre les conclusions. La tâche n'a rien de pénible pour un homme qui a la petite culture scientifique que l'on est en droit de supposer à presque tous les officiers. Nous ne nous contenterons pas de l'affirmer et nous voulons en faire la démonstration pratique en donnant ici une sorte d'*introduction* à l'étude de la géographie et en particulier à celle de l'Europe centrale.

INTRODUCTION

A L'ÉTUDE DE L'EUROPE CENTRALE

ÉLÉMENTS DES FORMES GÉOGRAPHIQUES

Les éléments dont dépendent les formes extérieures du
sol sont, on le sait, au nombre de trois : *la nature des
matériaux, leur disposition architecturale, la sculpture surimposée à cette architecture par les agents extérieurs.*

L'examen de la nature des matériaux et de leur disposition architecturale constitue le domaine de la géologie;
quant à la sculpture du sol, elle fait l'objet d'une branche
spéciale d'études dont les principaux résultats ont été
indiqués, en France, par MM. de la Noë et de Margerie,
dont l'ouvrage sur *les Formes du terrain* est bien connu de
tous les topographes. Sans avoir la prétention de résumer
en quelques lignes tout ce qui est relatif à ces sciences,
nous allons chercher à en bien mettre en lumière les
principes essentiels, ceux que chacun doit avoir toujours
présents à l'esprit s'il veut faire de la bonne géographie,
laissant de côté tous les détails au milieu desquels ces
principes sont généralement noyés dans les traités spéciaux, et nous affranchissant autant que possible des ter-
minologies compliquées qui découragent les profanes.

**
* **

Matériaux du sol. — On sait que le globe terrestre,
qui était gazeux à l'origine, a passé ensuite à l'état fluide.
Le refroidissement continuant ses progrès, notre sphé-
roïde s'est recouvert d'une première croûte comparable,
sans doute, aux scories qui surnagent sur un bain mé-

tallique en fusion. Cette croûte, d'abord instable et subissant d'incessants remaniements sous l'influence de la chaleur, des actions chimiques et des puissants courants développés dans la masse fluide, ne s'est solidifiée définitivement qu'au bout d'une longue suite de siècles en constituant un premier terrain.

Ce terrain, auquel on a donné le nom de *terrain archéen*, sert en quelque sorte de base à tout l'édifice de la croûte terrestre. Il est composé d'éléments divers, mais ayant un air de famille très caractérisé. Le gneiss est le type le plus fréquent de ces éléments, qui, dans leur ensemble, sont désignés sous le nom de *roches cristallophylliennes*, parce que leur structure est à la fois cristalline et stratiforme ; le premier de ces caractères étant dû à l'origine chimique de ces matériaux et le second aux pressions considérables qu'ils ont eu à subir dès leur formation.

A partir du moment où cette pellicule archéenne a été définitivement solidifiée, le noyau fluide intérieur a été isolé de la partie restée gazeuse qui a constitué une enveloppe extérieure. C'est de cette époque que datent la séparation nette entre la terre et son atmosphère, la première constitution de nappes océaniques, enfin, sans doute, les premières manifestations de la vie.

On conçoit qu'arrivée à cet état, l'écorce terrestre n'a pu s'accroître que par trois procédés : la solidification de couches fluides internes, l'épanchement à l'extérieur de masses fluides venant se figer à la surface, la fixation sous forme solide ou liquide des éléments de l'enveloppe gazeuse dont la composition devait d'ailleurs différer sensiblement de celle de l'atmosphère actuelle. En même temps, on se rend compte que l'écorce terrestre, soumise à des actions mécaniques qui y produisaient des inégalités de relief, et à des actions d'usure venant du jeu des agents atmosphériques joint à l'effet de la pesanteur, a dû subir de nombreux remaniements qui ont abouti, de concert avec la fixation des éléments atmosphériques, à la formation de nouveaux matériaux différant complètement de l'écorce initiale archéenne, quoique dérivant directement d'elle.

L'ensemble de ces mécanismes a donc constitué deux nouvelles classes de matériaux : les *matériaux éruptifs* et les *matériaux sédimentaires*. Les premiers ayant une origine interne et ayant surgi là où les dislocations de l'écorce terrestre leur ont livré passage ; les seconds ayant une origine externe et s'étant répartis, au moment de leur formation, le plus souvent par voie de dépôt sous l'action de la pesanteur. Nous allons les examiner successivement.

Les *matériaux sédimentaires* sont excessivement nombreux. Leur formation, qui a commencé avec le premier relief du globe, s'est continuée depuis sans interruption et se poursuit encore sous nos yeux. Les premiers en date ont été dus, comme nous l'avons dit, au remaniement du terrain archéen sous les actions atmosphériques ; mais les produits ainsi formés ont été remaniés, à leur tour, avec de nouveaux emprunts à l'enveloppe gazeuse et aux couches liquides, et ces remaniements se sont répétés maintes fois jusqu'à nos jours.

On peut envisager ces terrains au point de vue de la manière dont ils ont pris naissance. On constate alors qu'ils peuvent avoir une origine mécanique, chimique ou organique, et des aspects excessivement variés.

Les sédiments qui ont une origine mécanique sont dits *détritiques*. Ils sont formés par des fragments de roches antérieures réunis, sous l'effet de la pesanteur, par le véhicule des agents atmosphériques, eaux ou vents. Ces matériaux comprennent toute une gamme allant des blocs les plus grossiers aux particules les plus ténues, variée elle-même par ce fait que ces dépôts peuvent s'être maintenus à l'état meuble ou avoir été agglomérés en masse compacte à l'aide de ciments contemporains ou ultérieurs. Les sables, les graviers, les galets, et les grès, les con-

glomérats ou poudingues qui en dérivent par cimentation correspondent aux matériaux détritiques les plus grossiers. Les argiles, les marnes et les divers produits de leur solidification, parmi lesquels les phyllades, correspondent aux matériaux les plus ténus.

Les sédiments qui ont une origine chimique sont de véritables *précipités* solidifiés. Certains sont siliceux, comme les meulières ; d'autres, calcaires, comme certains travertins et tufs. Le gypse paraît aussi appartenir à cette classe.

Enfin, les sédiments qui ont dû leur naissance à l'intervention des organismes forment deux grandes catégories : les calcaires organiques et les combustibles. Les premiers sont constitués par les débris d'organismes animaux dont certains sont microscopiques, comme les foraminifères de la craie, et présentent les plus grandes variétés de contexture ; quand la magnésie s'y trouve réunie à la chaux, on a les dolomies. Les seconds sont d'origine végétale et forment deux groupes : les tourbes et les houilles [1].

Mais on peut aussi envisager les matériaux sédimentaires à un autre point de vue, celui de l'époque à laquelle ils se sont formés. Cette étude, où on est guidé par l'observation du développement progressif de la vie dont les traces matérielles nous ont été conservées par les débris végétaux ou animaux fossiles, conduit à établir dans les terrains une sorte d'ordre chronologique qui a été l'objet d'études approfondies de la part des géologues. Cet ordre chronologique comporte une division fondamentale du temps en grandes *ères* qui correspondent à des phases caractéristiques du développement de la vie ; celles-ci se divisent

---

1. Les tourbes et les houilles ont eu des modes de formation tout différents. Les premières proviennent de la décomposition lente et sur place de certains végétaux aquatiques se développant à l'air libre ; les secondes viennent, au contraire, de la décomposition lente de débris végétaux terrestres accumulés en grandes masses en certains endroits par voie d'alluvionnement, et ayant subi une véritable macération dans l'eau.

en *périodes* et *sous-périodes*. A ces divisions se rapporte une classification des terrains sédimentaires en *groupes* qui correspondent aux ères et en *systèmes* qui correspondent aux périodes; les systèmes se subdivisant eux-mêmes en *séries* et celles-ci en *étages*. Le tableau ci-après indique cette classification réduite à ses éléments principaux.

Les divisions plus détaillées [1] ne sont nécessaires au géographe que dans quelques cas particuliers; il suffit alors de les mentionner en temps voulu; encore les nouveaux noms à introduire sont-ils peu nombreux, car ils ne concernent guère que l'ère secondaire.

Ère quaternaire (homme).	PÉRIODE MODERNE OU ACTUELLE.	
	PÉRIODE PLÉISTOCÈNE.	
Ère tertiaire ou néozoïque.	PÉRIODE NÉOGÈNE	Sous-période pliocène. Sous-période miocène.
	PÉRIODE ÉOGÈNE	Sous-période oligocène. Sous-période éocène.
Ère secondaire ou mésozoïque.	PÉRIODE CRÉTACIQUE.	Sous-période crétacée. Sous-période infracrétacée.
	PÉRIODE JURASSIQUE	Sous-période suprajurassique. Sous-période médiojurassique. Sous-période infrajurassique ou liasique.
	PÉRIODE TRIASIQUE.	
Ère primaire ou paléozoïque.	PÉRIODE PERMIENNE. PÉRIODE CARBONIFÉRIENNE. PÉRIODE DÉVONIENNE. PÉRIODE SILURIENNE. PÉRIODE CAMBRIENNE.	

---

1. Pour donner une idée des divisions plus détaillées que les géologues ont été amenés à établir, nous donnons ci-dessous, d'après M. de Lapparent, les divisions d'une des sous-périodes les moins complexes, la sous-période médiojurassique.

Assises en Lorraine.

SOUS-PÉRIODE MÉDIOJURASSIQUE.	Étage bathonien.	Dalle oolithique. Marnes du Jarnisy. Marnes de Gravelotte. Calcaire de Jaumont.	100 m de hauteur environ.
	Étage bajocien	Marne de Longwy. Calcaires à Polypiers. Marnes à Cancellophycus.	100 m de haut. environ.

Mais nous nous hâterons de faire remarquer que si le géographe peut

Il est nécessaire maintenant de faire une remarque des plus importantes et sur laquelle on n'insiste généralement pas assez au grand détriment de la clarté de certaines explications géomorphogéniques. C'est que la classification des matériaux sédimentaires par ordre chronologique, et celle des mêmes matériaux d'après leur aspect et leur origine, n'ont aucun rapport et chevauchent l'une sur l'autre ; à toute époque de l'histoire de la terre, il s'est formé simultanément des matériaux détritiques fins ou grossiers, des précipités chimiques, des dépôts organiques. Il suffit de voir ce qui se passe sous nos yeux pour en être convaincu. Il en résulte qu'un même étage, qu'une même assise, peuvent présenter, suivant les endroits où on les examine, les aspects les plus différents. Ne voit-on pas sur nos plages actuelles se déposer des galets, du sable et de la vase à des endroits distants de quelques kilomètres à peine les uns des autres? Or, ces différences de constitution se traduisent par des différences de dureté très appréciables qui ont des conséquences fort importantes dans la sculpture du sol.

Aussi le géographe qui voudrait indiquer, une fois pour toutes, le type d'une région correspondant à l'affleurement d'une couche d'un *âge déterminé* serait-il fort imprudent. Pour donner un exemple du danger auquel il s'exposerait, il suffit de mettre en parallèle les plaines ondulées de la *Champagne pouilleuse* et le chaos de rochers bizarres qui constitue, au nord de la Bohême, la *Suisse saxonne*. Le sol de ces deux régions est de formation presque absolument contemporaine, mais le *faciès* est différent. Dans la première on a la craie et dans la seconde ce grès crétacé auquel les Allemands donnent le nom de *Quadersandstein.*

---

avoir besoin quelquefois de la division en étages pour expliquer quelques formes générales, il peut toujours se passer de la division en assises qui n'est utile que si on veut entrer dans des détails *topographiques* minutieux.

Les *matériaux éruptifs*[1] peuvent, comme les matériaux sédimentaires, être envisagés au double point de vue de leurs caractères physiques et de l'époque à laquelle ils ont fait leur apparition. Il en résulte deux classifications dont la première peut être traitée de façons différentes, suivant que l'on s'attache davantage à la composition chimique, à la contexture générale ou, enfin, à la manière dont les matériaux se présentent à nos yeux.

La composition chimique, qui donne lieu à des études fort compliquées, n'intéresse point le géographe. Il en est tout autrement de la contexture, mais les divisions qui en découlent se réduisent à trois grandes catégories : les roches granitoïdes, les roches porphyroïdes et les roches volcaniques.

Les roches granitoïdes ont une structure entièrement cristalline et excessivement régulière. On admet aujourd'hui qu'elles ont dû se former par le refroidissement lent d'une pâte homogène et à l'abri de causes brusques de modification, c'est-à-dire dans les profondeurs du sol et loin du contact de l'air. Les roches porphyroïdes ont une structure cristalline mais irrégulière et avec des éléments amorphes qui annoncent que leur solidification s'est faite dans des conditions plus mouvementées. Enfin les roches volcaniques sont généralement amorphes ou vitreuses.

Si maintenant on se place au point de vue de la manière dont ces roches se présentent, on peut considérer qu'elles forment des massifs, des nappes et des filons. Le filon vient du remplissage d'une fente de l'écorce terrestre ; la nappe est le résultat d'un épanchement à l'air libre, sous l'eau ou entre deux couches sédimentaires, par une fente ou une cheminée dont l'emplacement n'est pas toujours visible ; enfin le massif paraît résulter de l'inclusion

---

1. Nous négligeons, bien entendu, tous les produits accessoires de l'activité interne, tels que les gîtes minéraux, les produits de sublimation, les sources minérales et leurs dépôts.

d'une partie du noyau fluide interne par suite d'une déformation ou pli de l'écorce terrestre.

Enfin, lorsqu'on cherche à se rendre compte de l'époque
à laquelle les matières éruptives ont fait leur apparition,
on constate que les éruptions ne se sont pas poursuivies
d'une manière continue à travers les âges et qu'elles ont
procédé comme par grands spasmes qu'on devine avoir
coïncidé avec les dislocations de l'écorce terrestre. On
peut classer ces spasmes en deux grands groupes, l'un
correspondant à l'ère primaire et se subdivisant lui-même
en plusieurs autres ; l'autre correspondant à l'ère tertiaire
et dont les manifestations éruptives de l'ère actuelle ne
sont qu'une sorte d'écho ; l'ère secondaire ayant été mar-
quée par un repos presque absolu des forces éruptives.

On peut faire, au sujet de ces diverses classifications des
roches éruptives, la même remarque que celle qui a été
faite au sujet des classifications des roches sédimentaires,
c'est qu'elles se chevauchent. Il y a des granites, des roches porphyroïdes ou volcaniques d'âges divers. On y
ajoutera une observation, c'est que le passage ou le contact de ces éléments à haute température a souvent modi-
fié considérablement les terrains sédimentaires voisins.
Cette action de modification se nomme le métamorphisme
et les terrains modifiés sont dits métamorphiques[1].

L'étude des matériaux du sol, en tant que matériaux et
abstraction faite de toute autre considération, a apporté
des enseignements fort précieux pour la reconstitution
géographique du passé.

On conçoit, en effet, que l'aspect et la nature des sédiments détritiques puissent donner des indications sur
l'emplacement des anciens rivages et des anciens reliefs,

---

1. Les mouvements mécaniques du sol pouvant déterminer de fortes
températures, il arrive que des actions de métamorphisme se sont produites indépendamment de toute intervention éruptive. Le métamorphisme prend alors le nom de *dynamométamorphisme*.

un sédiment de grès grossier ou de conglomérats devant être plus rapproché de cet ancien relief qu'un sédiment de sables fins ou de marnes. Certains sédiments ont d'ailleurs manifestement une origine glaciaire ou une origine éolienne, ce qui permet de tirer de nouvelles inductions. D'autre part, les observations paléontologiques permettent de se rendre compte, par l'examen des débris organiques, si les terrains se sont déposés dans des eaux douces ou dans des eaux salées, en un mot, s'ils ont une origine marine ou lacustre ; d'où de nouvelles indications sur la répartition des mers et des continents. Enfin la série sédimentaire n'est pas toujours complète en un point donné du globe et l'interprétation de ces lacunes fournit de nouveaux renseignements. Un terrain sédimentaire d'un certain âge peut, en effet, manquer soit parce que le sol était émergé en cet endroit à cette époque, soit parce qu'il était trop éloigné des côtes pour que les sédiments aient pu l'atteindre[1]. On notera toutefois que certaines couches peuvent manquer parce qu'elles ont été enlevées à un certain moment par des actions d'usure, mais ce fait est également riche en enseignements.

L'observation des roches éruptives et de leur distribution donne des indications d'un autre ordre. Elle montre, en effet, les dislocations du sol, leurs emplacements, leurs âges ; toutes choses utiles à connaître pour se rendre compte du moment et de la manière dont l'architecture du sol a pu être modifiée.

On voit donc quelles ressources précieuses l'étude des matériaux du sol apporte dans la recherche des formes géographiques aux divers âges de la terre.

---

1. L'observation de ce qui se passe de nos jours a fait admettre que la sédimentation des éléments détritiques cesse à environ 300 km des côtes, sauf devant les embouchures des grands fleuves qui font comme une chasse, et que la sédimentation organique a également ses limites qui sont données par la profondeur des fosses marines, celles de 5 000 m semblant une limite moyenne.

Architecture ou tectonique du sol. — Il ne faut pas se figurer que les diverses couches du sol sont disposées comme autant de pellicules concentriques superposées à la base archéenne dans l'ordre de leur âge. Les nombreuses déformations que l'écorce terrestre a subies ont apporté à cette disposition théorique d'importantes modifications, et non seulement on trouve des assises ayant toutes les inclinaisons par rapport à la verticale, mais encore il arrive que ces assises ont été si ployées que l'ordre naturel des sédiments peut être inversé et qu'un puits foncé dans le sol montre parfois des couches plus anciennes avant de plus jeunes.

Ces déformations de l'écorce terrestre sont dues au refroidissement du globe et à la nécessité où cette écorce relativement rigide s'est trouvée de suivre le noyau dans son retrait sous l'influence de la gravité. Là encore on peut se placer à deux points de vue, celui de la nature des déformations et celui de leur âge. Nous le ferons successivement, nous bornant à chercher à faire comprendre l'esprit des choses et nous affranchissant autant que possible de la terminologie un peu compliquée des géologues et qui est faite pour rebuter tout autre que les spécialistes.

On conçoit, sans qu'il soit besoin de donner des explications, que les efforts développés par la contraction du globe terrestre peuvent se décomposer en efforts verticaux et en efforts de compression tangentielle. Les premiers ont donné naissance à des mouvements verticaux, de véritables chutes de fragments de la croûte terrestre ; les autres à des mouvements horizontaux , véritables glissements se transformant, par suite des résistances de frottement, en plissements des couches du sol. On doit donc, avec M. Suess, le célèbre géologue autrichien, qui est le principal artisan de la rénovation des études géographiques, séparer les déformations du sol en deux groupes principaux correspondant à ces deux genres d'efforts; on remarquera toutefois, avec lui, que si dans de certaines régions l'action des efforts verticaux a été dominante, tandis que dans d'autres c'est celle des actions horizontales, il y a eu souvent une intime dépendance des deux phénomènes.

Les efforts verticaux ont été la cause, avons-nous dit, de véritables chutes de compartiments de l'écorce terrestre. Dans ces chutes, ces compartiments ont été séparés de leurs voisins par des cassures ou *failles* qui correspondent parfois à des dénivellations tectoniques de plus de mille mètres. Toutefois ces dénivellations ne se traduisent pas toujours dans la topographie par des ressauts ou de brusques affaissements, parce que les actions érosives ont pu atténuer ou faire disparaître la différence de niveau ; on n'est alors averti de la dislocation profonde que par un brusque changement de la nature du sol.

Les failles peuvent être simples ou en gradins, verticales ou obliques, perpendiculaires à la surface des couches du sol ou inclinées par rapport à cette surface (fig. 1, 2,

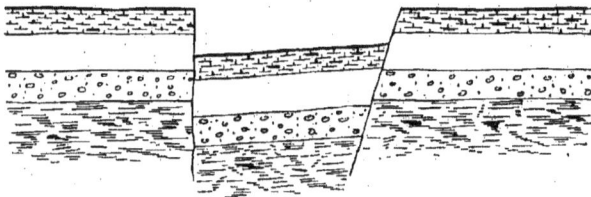

Fig. 1.

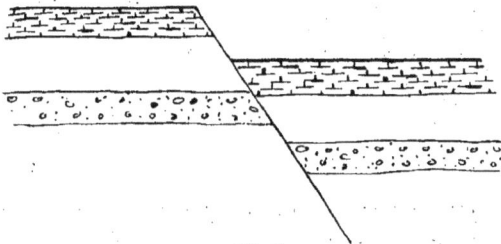

Fig. 2.

3). Quelquefois la faille ne s'est pas produite, il y a eu simplement étirement des couches; on a alors ce que l'on nomme une *flexure* (fig. 4 et 5). Les failles suivent une

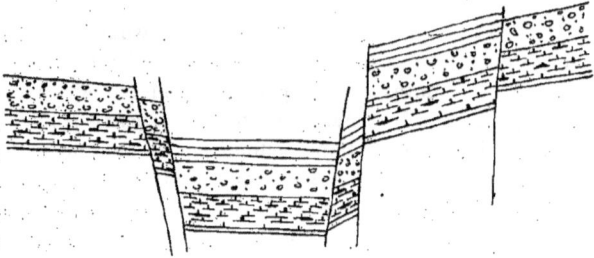

Fig. 3.

Fig. 4.

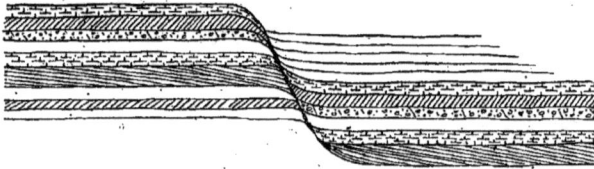

Fig. 5.

direction rectiligne ou peuvent avoir une disposition curviligne, sont simples ou se ramifient (fig. 6), bref, elles affectent toutes les dispositions.

Fig. 6.

Ce qui est intéressant, au point de vue géographique, c'est leur groupement. Les failles peuvent, en effet, s'as-

socier pour dessiner de vastes champs de dislocations
isolés par des failles périphériques et traversés en tous
sens par des failles radiales (fig. 7). Dans ces champs de

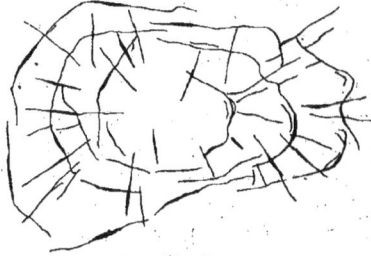

Fig. 7.

dislocations, les affaissements dominent formant des nappes ou des fosses linéaires, mais les paquets du sol peuvent être tombés plus ou moins ; certains peuvent être
restés immobiles, ce sont les *horst* de M. Suess ; d'autres
peuvent avoir même pris, comme le fait observer M. Penck,
un mouvement ascensionnel sous l'effet de compressions
latérales ; et on peut, en employant la comparaison lumi-
neuse de M. Suess, se figurer les régions ainsi morcelées,
comme présentant l'aspect d'un étang gelé dont on aurait
soutiré l'eau de façon à laisser s'exercer librement l'action
de la pesanteur sur la croûte glacée.

Les efforts horizontaux ont tendu à faire glisser les couches du sol les unes par rapport aux autres, mais la moin-

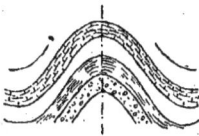
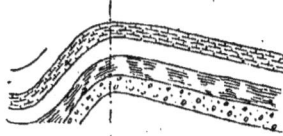

Fig. 8.   Fig. 9.

dre résistance a dû les transformer en actions de plissement. L'esprit est assez rebelle, à priori, à cette notion

de plissement des couches du sol. On a peine à concevoir
comment des couches rocheuses ont pu se contourner de
la sorte. Le fait est cependant là, et les moindres coupes
du sol, dans la région alpine, le mettent en évidence. Une
d'elles est surtout topique à cet égard, c'est celle qui est
fournie par le véritable coup de hache que la dépression
du lac des Quatre-Cantons donne dans les plis de l'Axen-
berg; on y voit les couches du sol ployées et reployées
comme la pâte la plus flexible et son aspect seul suffit pour
faire entrevoir aux plus ignorants tout un côté de l'architecture du globe.

L'élément d'une région plissée est le pli. Celui-ci peut
varier de la simple ondulation dont la flèche est bien inférieure à la corde sous tendue, au ploiement le plus énergique où la flèche est bien des fois plus grande que la

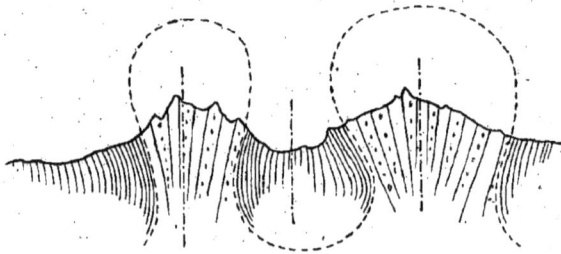

Fig. 10 — Pli en éventail déjà demantelé par l'érosion.

corde. On peut s'en faire une idée en remarquant que
dans les régions énergiquement plissées, les plis s'élèvent
à des milliers de mètres de hauteur.

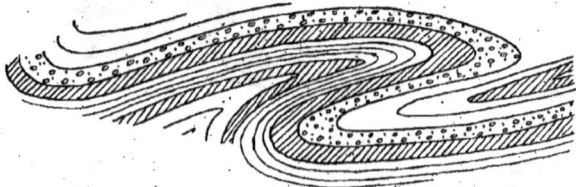

Fig. 11.

Le pli peut être convexe ou concave, on le dit alors anticlinal ou synclinal.

Le pli peut encore être symétrique ou dissymétrique

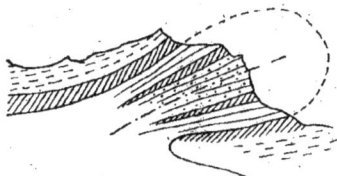

Fig. 12.

(fig. 8 et 9), de forme aiguë ou s'épanouissant en éventail (fig. 10), avec toutes les nuances intermédiaires ; son axe peut être vertical, incliné ou même complètement couché (fig. 11 et 12). Le profil peut être simple ou plus ou moins compliqué (fig. 13, 14, 15 et 16) et peut varier d'un bout

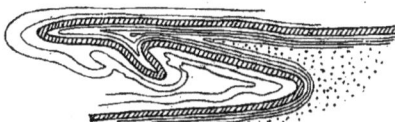

Fig. 13.

à l'autre du pli. Enfin, le pli peut s'étirer tellement qu'il se rapproche de la faille[1] (fig. 17, 18 et 19).

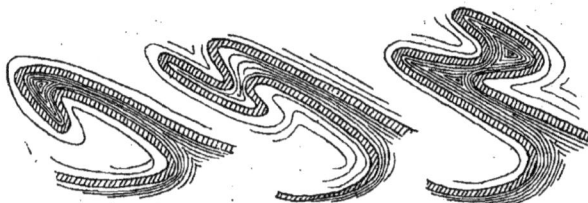

Fig. 14.   Fig. 15.   Fig. 16.

---

1. On voit que la cassure et le pli se donnent en quelque sorte la main par la flexure et le pli faille.

Si le profil d'un pli peut affecter en somme toutes les formes imaginables, il en est de même de sa disposition

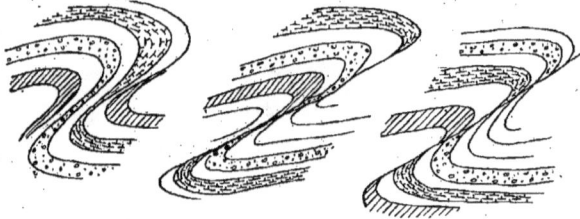

Fig. 17.   Fig. 18.   Fig. 19.

planimétrique. Celle-ci peut être rectiligne ou curviligne, et se prolonger plus ou moins, de telle façon que le pli se termine en s'effilant ou ne forme que comme de courtes pustules. Dans son étendue le pli peut d'ailleurs avoir subi de véritables mouvements de torsion ou encore des déplacements horizontaux, ces derniers sont désignés sous le nom de décrochements.

Mais le pli ne se trouve qu'exceptionnellement à l'état isolé. Le plus souvent il fait partie d'un ensemble qui constitue ce que l'on nomme un *faisceau de plis*. Le fais-

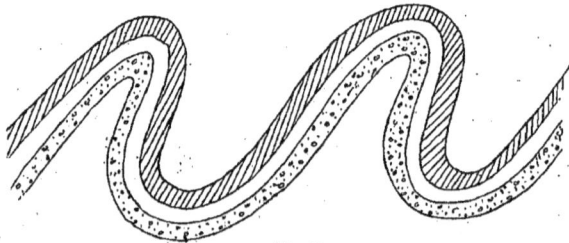

Fig. 20.

ceau présente lui-même des dispositions fort variées. En coupe, il peut comprendre une suite de profils identiques (fig. 20), ou passant successivement d'un type à l'autre. On peut donner comme exemple la disposition en éventail composé (fig. 21) ou en éventail composé renversé (fig. 22). Ces profils généraux peuvent d'ailleurs varier d'un

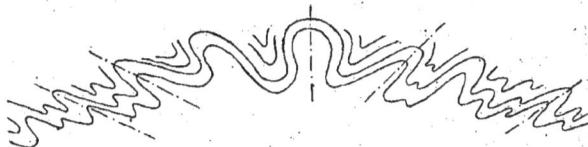

Fig. 21.

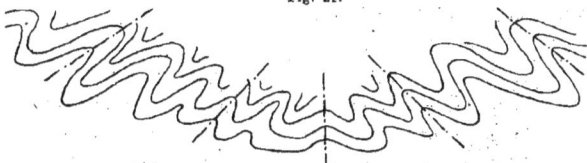

Fig. 22.

bout à l'autre du faisceau, et l'on peut passer d'une dispo- sition à une autre par de véritables mouvements de tor- sion. En plan, le faisceau peut se composer d'une série d'éléments rectilignes parallèles, mais le plus souvent il présente des inflexions. Un bon exemple de faisceau est donné par la disposition du Jura français. On remarquera qu'il est fort rare qu'un pli se poursuive d'un bout à l'autre du faisceau, surtout lorsque celui-ci a une disposition cur- viligne. Les plis se succèdent en *se relayant*; l'un d'eux di- minue peu à peu de valeur pour se fondre en quelque sorte dans la masse générale, et un autre reparaît de la même manière dans le voisinage immédiat, mais généralement sans prolonger le premier. On obtient une image assez fidèle de cette disposition en froissant légèrement une pièce d'étoffe un peu consistante.

Enfin, les faisceaux de plis ne sont souvent eux-mêmes que les éléments constitutifs de *régions plissées* beaucoup plus vastes. Les faisceaux se relayent alors entre eux comme les simples plis le font à l'intérieur d'un faisceau et leur ensemble prend quelquefois une disposition tour- billonnaire caractéristique; ainsi, par exemple, la disposi-

tion des Alpes et des Carpathes autour des dépressions de
la Méditerranée occidentale et de la plaine hongroise.
On a remarqué que dans ces régions plissées un réseau
de plis était toujours accompagné d'une sorte de *réseau
conjugué,* moins accentué toutefois que lui, et dont les
éléments étaient généralement normaux aux siens. Il résulte, de la rencontre des lignes directrices de ces deux
réseaux, des sortes d'*interférences* qui ont leur traduction
dans les formes géographiques.

Mais, avons-nous dit, il y a souvent une intime dépendance entre les efforts verticaux et les efforts horizontaux.
Les actions de chute verticale peuvent, par leur propre
effet, produire des compressions latérales localisées dans
le voisinage des fractures, compressions qui, si les matériaux ont une certaine plasticité, se traduiront par des
ondulations comme celles qui sont indiquées dans les
figures 23 et 24. En d'autres endroits, des couches soumi-

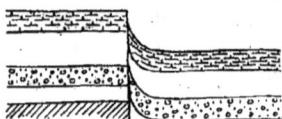
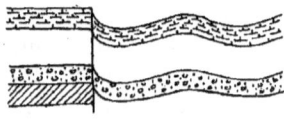

Fig. 23.   Fig. 24.

ses à des actions horizontales pourront être trop rigides
pour se plisser véritablement, et alors, après avoir esquissé
une suite d'ondulations, elles se fractureront (fig. 25).

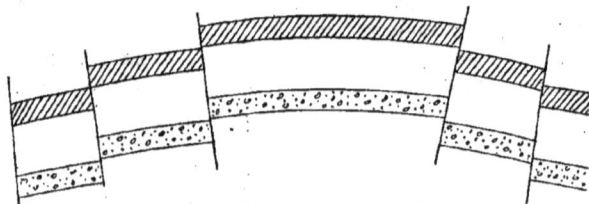

Fig. 25.

De même, au milieu d'une zone plissée, il peut se produire un effondrement vertical.

Si celui-ci s'est produit pendant la formation des plis, il
en sera résulté une sorte d'appel ou de déversement des
plis vers cette dépression (fig. 26)[1]. Mais s'il a pris

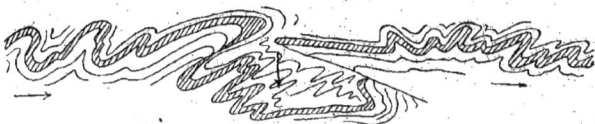

Fig. 26.

naissance bien après la formation des plis, il en aura
seulement détaché une partie comme à l'emporte-pièce,
laissant toutefois place dans le champ de l'affaissement à
toutes les combinaisons de voussoir ou de *horst* que l'on
peut imaginer.

D'autre part, les manifestations de l'activité interne qui
accompagnent souvent les dislocations du sol peuvent
imprimer, en certains endroits, un caractère spécial à l'ar-

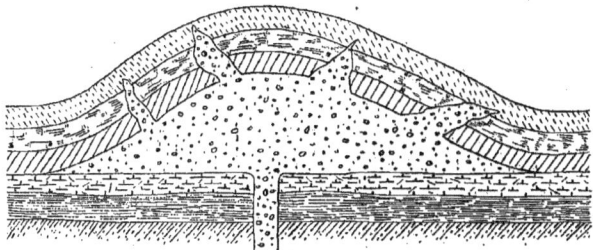

Fig. 27.

chitecture, en lui superposant les nappes de leurs pâtes
éruptives ou les verrues de leurs volcans. Même lorsque
les produits éruptifs n'ont pas réussi à s'épancher à la

---

1. Cette figure, comme beaucoup de celles qui précèdent, est extraite
de l'ouvrage de M. E. de Margerie et A. Heim sur la nomenclature des
dislocations de l'écorce terrestre.

surface, ils peuvent avoir une influence appréciable sur les formes extérieures. Les *laccolithes*, injections de pâtes éruptives entre certaines assises sédimentaires, donnent lieu à des intumescences qui simulent souvent des plissements (fig. 27).

Ces diverses réserves faites, on voit que l'on peut distinguer dans la croûte du sol deux types d'architecture bien tranchés, *l'architecture tabulaire* et *l'architecture plissée*.

La première est caractérisée par le jeu des compartiments du sol[1] séparés les uns des autres par des séries de cassures et portés à des niveaux différents par l'inégalité de l'affaissement et aussi par les mouvements de relèvements qui peuvent résulter de certains coincements. Les actions de plissement ne s'y font sentir que sous la forme de simples ondes. Dans la seconde, ces ondulations se transforment en de véritables vagues qui sont la source du relief. Pour en donner de suite des exemples, nous dirons que l'architecture *actuelle* de l'Allemagne centrale, de la Bohême, de la France centrale et septentrionale, de l'Angleterre, est tabulaire ; tandis que celle des Pyrénées, des Alpes et de la région hongroise est plissée.

Après avoir envisagé les déformations du sol dans l'espace, il faut maintenant les considérer dans le temps, et se demander quels peuvent être leurs âges ainsi que si elles se sont produites rapidement ou avec lenteur. Les moyens d'investigation dont disposent les géologues à cet

---

1. C'est avec intention que nous employons l'expression de jeu des compartiments du sol, jeu qu'on peut assimiler au jeu des voussoirs dans un appareil de voûte bouleversé. La conception de M. Suess, qui admet que le relief de certaines régions a été dessiné uniquement par des mouvements d'effondrements laissant subsister des piliers (*Horst*) immobiles entre deux champs d'affaissements, ne nous paraît pas beaucoup plus admissible que celle qui voudrait obtenir le même relief par voie d'élévation de certaines régions, les autres restant immobiles. Il y a dû se passer quelque chose de plus complexe, la chute de certains voussoirs ayant causé le relèvement par compression de ceux qui se trouvaient intercalés entre deux champs d'affaissements ; l'expression *emporgepresst* employée par M. Penck peint admirablement ce mécanisme.

égard, sans être d'une précision extrême, sont assez sûrs.
Ils consistent dans l'examen et l'interprétation des failles
et des discordances de stratification. On dit que deux
couches du sol sont en stratification concordante, lorsque
leurs stratifications ou surfaces de division sont parallèles,
et qu'elles sont en stratifications discordantes lorsque les
surfaces font un certain angle. Il est clair que la présence
d'une discordance telle que celle indiquée par la figure 28

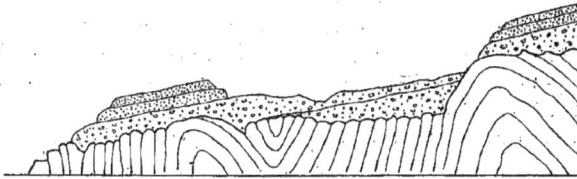

Fig. 28.

donne une indication sur l'âge du plissement des couches
inférieures, plissement qui n'a pu se produire qu'après le
dépôt de ces couches et avant celui des couches supérieures, qui n'y ont pas participé. L'évaluation sera d'autant plus précise que l'âge des deux couches sera plus
rapproché et qu'il n'y aura pas de lacunes dans la série
sédimentaire en cet endroit. D'autre part, les failles sont
certainement postérieures aux terrains qu'elles traversent
et le plus souvent antérieures aux terrains devant lesquelles elles s'arrêtent brusquement.

Si, armé de ces observations, on s'attaque à l'étude des
déformations d'ensemble de la croûte terrestre, on constate, tout d'abord, que ces déformations, soit par cassures
soit par plissement, ont été *excessivement lentes*. Certes,
le phénomène aura pu présenter des poussées brusques
avec effets élémentaires ayant le caractère de catastrophes
locales, mais l'ensemble se sera toujours échelonné sur
de longues périodes de siècles. Les preuves matérielles de
cette lenteur résultent encore d'autres remarques, celles-ci
d'ordre purement géographique. Ainsi, les plateaux de

l'Ardenne qui ont été surélevés, à l'aurore de l'ère actuelle, par une sorte de mouvement de bascule du sol, sont traversés par la Meuse et d'autres rivières qui présentent des méandres profondément encaissés. Or, on sait que le méandre est un élément caractéristique des rivières de plaines, leur forme encaissée est donc un véritable paradoxe géographique ; celui-ci ne s'explique que par l'extrême lenteur du relèvement du sol qui a permis aux rivières de s'enfoncer progressivement. Ainsi encore, la présence, sur la bordure de massifs montagneux, de couches plissées relativement jeunes et qui ne se trouvent pas à l'intérieur de la chaîne, montre que celle-ci devait déjà avoir émergé avant leur dépôt.

Puis, si, laissant de côté le temps que les déformations architecturales ont mis à se produire, on cherche à se rendre compte de leurs âges, c'est-à-dire du moment de l'histoire de la terre où elles ont fait leur apparition, on voit que les modifications à l'architecture du globe se sont produites à plusieurs reprises. Chaque région de la terre a donc eu comme ses *époques critiques* où de grands remaniements ont été apportés à sa structure. A chacune de ces époques, certaines parties du globe ont pris une architecture plissée, tandis que d'autres n'ont été soumises qu'à des modifications tabulaires. Mais il faut bien se dire, en outre, que le même style architectural n'a pas toujours présidé à ces remaniements, et que telle région plissée à une époque, a pu être ensuite le siège de mouvements tabulaires. Tel est le cas, par exemple, de l'Allemagne centrale, région jadis plissée et aujourd'hui type parfait de la disposition tabulaire.

∗

Sculpture du sol. — Les matériaux de l'écorce terrestre qui sont exposés à l'air libre et qui d'ailleurs ont déjà pu être morcelés et fendillés par les actions mécaniques qu'ils ont subies, sont soumis à des causes diverses de désagrégation. Les alternances de chaud et de froid, de sécheresse et d'humidité, la gelée qui débite les roches les plus dures lorsqu'elles sont imprégnées d'eau, l'action des organismes végétaux ou animaux, certaines actions chimiques de l'atmosphère, la lumière elle-même, finissent par avoir raison des roches les plus résistantes et par en ameublir la surface. Dès lors, l'action de la pesanteur intervient et tend à faire descendre le plus bas possible les parties désagrégées.

D'autre part, l'eau et l'air lui-même disposent d'une force mécanique lorsqu'ils sont mis en mouvement. Le vent et les eaux, aussi bien celles qui circulent dans les cavités souterraines dues au décollement des strates ou aux dissolutions chimiques que celles qui coulent à la superficie, désagrégent par leur frottement ou leur choc dont l'effet s'accroît s'ils charrient des matériaux solides. Les glaciers eux-mêmes, qui ne sont que de lents fleuves de glace, usent les terrains sur lesquels ils passent. Enfin, la mer détruit les reliefs qu'elle borde directement par l'attaque de ses vagues qui produit un véritable sapement.

Mais les eaux constituent de plus un excellent véhicule qui fait descendre d'étage en étage les particules solides et les amoncelle dans les dépressions par le mécanisme de la sédimentation, qui n'est en somme que la contre-partie de l'abaissement des reliefs; sans leur intervention et quelquefois celle des vents, les roches *s'enseveliraient sous leurs propres débris,* tandis que grâce à elles les traits généraux de la sculpture sont toujours avivés.

Toutes ces actions ont été très bien étudiées grâce à l'observation directe des phénomènes qui se passent sous nos yeux et même à des expériences bien conduites. Ces études ont donné aujourd'hui la clef de toutes les *formes topographiques*[1] et rien ne serait plus intéressant que de

---

1. On lira, à ce sujet, avec le plus grand intérêt, les *Leçons de géographie physique* que vient de publier M. DE LAPPARENT et où se trouvent résumées les conditions générales du modelé du sol.

passer celles-ci en revue. Mais cet examen nous entraînerait beaucoup trop loin et nous ne chercherons à dégager
des travaux auxquels nous faisons allusion que ce qui intéresse les *grandes lignes géographiques*.

Deux principes généraux dominent, à cet égard, toutes
les considérations de détail. Le premier peut s'exprimer
d'une façon très concise. Il se réduit à faire remarquer
que *les agents de sculpture ont pour effet de mettre en évidence
les parties dures du sol*. Le second concerne les cours d'eau;
il est un peu plus complexe et a besoin de quelques définitions préliminaires. Un cours d'eau constitue un agent
mécanique puissant, disposant d'une force vive qu'il em-

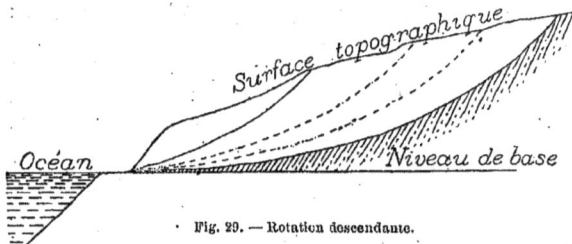

Fig. 29. — Rotation descendante.

ploie à creuser son lit et à charrier des débris de toute
nature. Lorsqu'il débouche dans la mer ou dans un lac,
ou même encore qu'il disparaît par évaporation en un
point déterminé, comme cela arrive pour les cours d'eau
qui pénètrent dans les zones désertiques, il perd toute sa
vitesse et ne peut plus en ce point accomplir aucun effort
mécanique et en particulier approfondir son lit. Ce point
fixe constitue ce que l'on nomme le *niveau de base* du cours
d'eau, c'est-à-dire le niveau au-dessous duquel il lui est
impossible de s'enfoncer. L'observation a montré que le
profil en long de tout cours d'eau, dans sa phase de creusement, si accidenté, si coupé par des chutes qu'il ait été
à ses débuts, prend, avec le temps, la forme d'une courbe
régulière concave vers le ciel, et *que cette courbe s'abaisse*

peu à peu par une sorte de rotation autour du niveau de base,
jusqu'à ce qu'il s'établisse une sorte d'équilibre (fig. 29).
Dès que le profil en long définitif est fixé, le cours d'eau
travaille à élargir son lit et cet élargissement se propage
de l'aval en l'amont. Enfin les versants de la vallée s'apla-
tissent peu à peu.

Voyons maintenant quelles sont les conséquences de
ces deux lois.

La mise en évidence des parties dures du sol se comprend aisément. Il est naturel, en effet, que les matériaux
tendres soient usés plus vite que ceux qui sont résistants,
de telle sorte que ces derniers restent en saillie pour peu
que les parties désagrégées ne restent point sur place, ce
qui n'arrive qu'exceptionnellement. Si la roche dure se
réduit à un élément de faible dimension, il n'en résulte
qu'un accident topographique ; mais si elle constitue un
affleurement de quelque étendue, elle donne lieu à une
unité géographique dont la disposition générale dépend de
sa distribution.

Si, par exemple, elle forme une nappe horizontale,
celle-ci protège en quelque sorte le sol dans toute son
étendue et il en résulte un plateau qui domine les régions
plus tendres du voisinage ; c'est ce qui arrive souvent
pour les nappes éruptives. Si, au contraire, les couches
du sol sont vues par leurs tranches, les plus dures, restant en saillie, donnent naissance à des reliefs parallèles : ainsi, par exemple, les bourrelets du Soonwald,
de l'Idarwald et du Hochwald qui accidentent la masse
générale du Hunsrück ou encore les *Crêts* du Jura. Cet
effet se produit même si les couches ne se présentent que
faiblement en biseau ; il se forme alors une suite de terrasses terminées par des sortes de corniches qui correspondent aux couches dures : ainsi, par exemple, les terrasses et les corniches de la Région parisienne orientale
et celles de la Souabe.

Un cas particulier est celui où la couche dure du sol est isolée, avec une faible épaisseur et une résistance exceptionnelle, et où, de plus, elle affleure presque verticalement, elle arrive à dessiner alors une véritable muraille ; tel, le grand Pfahl de Bohême qui court dans toute l'étendue du Böhmerwald et qui n'est qu'un filon de quartz encastré dans des masses archéennes qui se sont trouvées moins résistantes. En d'autres endroits, la roche dure peut se présenter par grandes masses isolées les unes des autres et noyées dans un terrain plus tendre ; il se produit alors des groupes de hauteurs séparées, comme ceux des Pfalzgebirge, entre le Hunsrück et le Haardt, et qui doivent leur existence à la mise en évidence des masses éruptives qui ont traversé autrefois le terrain permien relativement tendre de cette région. Le cas limite de cette disposition générale est celui où l'érosion arrive à dégager les cheminées mêmes qui ont donné passage aux matières éruptives : on a alors des colonnes verticales ou *dykes,* comme on en voit dans certaines régions très usées de l'Angleterre.

Mais, l'aspect de la partie du sol mise en saillie est, lui aussi, fort variable et dépend de la nature de la roche dure et aussi des efforts mécaniques qu'elle a pu avoir à subir. C'est ainsi que le granite prend des formes arrondies et que la plupart des roches archéennes en font autant, mais avec cette exception que, sur les très hautes cimes des régions énergiquement plissées, ces mêmes roches sont débitées par la gelée en de véritables aiguilles. C'est ainsi que les grès donnent dans la plupart des cas des formes assez douces, mais que dans d'autres ils présentent des escarpements ruiniformes, comme cela a lieu dans les Vosges, ou se découpent en tours et en colonnes isolées comme dans la Suisse saxonne. C'est ainsi encore que les escarpements calcaires ordinaires offrent souvent des paliers dus aux variations de dureté de leurs assises, tandis que les calcaires dolomitiques élèvent ces murailles colos-

sales d'un seul jet qui frappent d'étonnement. C'est ainsi
enfin que certaines matières éruptives, comme les trachy-
tes, se présentent en masses arrondies, tandis que d'autres, comme les basaltes, sont divisées mécaniquement en
prismes par le retrait, et forment comme des colonnades
gigantesques.

Ces divers exemples suffisent pour faire comprendre
combien de choses sont contenues dans cette simple for-
mule : *les roches dures sont mises en évidence.*

Il nous serait facile de les multiplier en accumulant les
figures descriptives, comme le font certains pour qui la
rénovation géographique s'arrête là. Mais nous pensons
avoir assez fait en éveillant l'attention à ce sujet. Au surplus, si l'enseignement géographique bien compris doit
comporter toute une série de remarques analogues à celles
que nous venons de faire à titre d'indication, nous estimons que ces remarques ne gagnent pas à être codifiées
par avance et qu'après en avoir établi le principe général,
il vaut mieux ne les faire qu'au moment précis où on en
trouve l'application. Elles donnent alors lieu à un intéressant développement descriptif [1].

Les conséquences du principe que nous avons donné au
sujet de la manière dont les cours d'eau approfondissent
leur lit sont également fort importantes.

Sitôt qu'un système d'architecture s'est établi dans une
région, les eaux qui tombent sur sa surface ont une tendance à se réunir dans certaines dépressions ou gouttières
définies par ce système d'architecture. Ces lignes originelles du réseau hydrographique se compliquent d'affluents dont la position est commandée par des conditions
analogues et aussi par ce fait que les parties tendres du
sol, usées plus rapidement que les autres, donnent bientôt

---

1. Cette description peut être appuyée par des clichés photographiques
pris intelligemment et qui seront surtout utiles s'ils sont accompagnés de
quelques indications schématiques.

des cannelures où se rassemblent les eaux. Tous ces cours
d'eau se mettent à approfondir leurs lits en obéissant à la loi
que nous avons indiquée, c'est-à-dire par une rotation descendante autour du niveau de base. On remarquera, à ce
sujet, qu'à un instant donné le niveau de base d'un affluent
est donné par le confluent de ce cours d'eau avec le cours
d'eau principal, et que, par suite, le travail de creusement
d'un affluent est plus complexe que celui du cours d'eau
auquel il vient se joindre, puisque son niveau de base est
variable tant que le profil en long du lit de ce dernier n'a
pas été fixé définitivement[1].

Cette phase d'approfondissement des réseaux hydrographiques qui se traduit par des changements continuels,
peut être, on le conçoit, comparée à une *sorte de vie* des
cours d'eau. Dès lors ceux-ci ont, comme on l'a si bien
dit, une enfance, une jeunesse, une maturité et une vieillesse, toutes phases qui sont caractérisées par certains
traits généraux. La première comporte un cours très irré-
gulier coupé par des barrages et offrant des chapelets de
lacs. Dans la seconde, ces paliers lacustres tendent à disparaître par suite de l'approfondissement des cascades ou des
rapides qui les réunissent. Puis ces rapides s'éliminent à
leur tour, et dans la maturité un cours plus régulier fait
place aux écarts impétueux de la jeunesse ; très rapide ou
même torrentueux dans la partie supérieure, majestueux
et tranquille dans la section moyenne, indécis dans sa section inférieure, il se termine souvent par un delta. Enfin,
vient la vieillesse ; le courant a diminué de vitesse et ne
peut plus vaincre les obstacles accidentels qui viennent à
surgir ; un éboulement, une simple accumulation de végé-

---

1. A ce propos, il faut observer que la vraie définition du cours d'eau
principal est de dire que le cours d'eau principal est celui qui a le plus
tôt fixé son lit. C'est cette définition qui permettrait de choisir théorique-
ment les sources d'un fleuve parmi les branches si compliquées de la
ramure d'un réseau hydrographique. L'usage ne s'est pas toujours con-
formé à la théorie et pour cause.

taux, occasionnent des lacs temporaires bien différents de
ceux de l'enfance ; le fleuve n'a plus de volonté et di-
vague.

Mais cette vie des cours d'eau ne se développe pas sans
incidents : comme celle des hommes, elle n'est qu'un combat. Si l'on suppose, en effet, deux réseaux hydrographiques voisins, leurs rapports seront d'abord ceux d'une
parfaite cordialité. Chacun travaillera pour son compte
sans s'occuper des affaires du prochain. Mais bientôt, à
force de fouiller le sol, on se rencontrera vers la limite
des domaines. Les canaux d'affouillement viendront en
contact, les contestations surgiront et la victoire restera
au plus fort, c'est-à-dire à celui qui sera le plus avantagé
par son niveau de base ou par son travail préalable, et
pourra produire une sorte d'appel plus énergique des eaux.
Les fruits de cette victoire seront des affluents réduits en
captivité et qui changeront de maître, ou même la con-
quête de la partie supérieure de l'adversaire lui-même qui
sera tronqué et décapité. Pendant ce temps les versants
seront déformés, les lignes de faîte, obéissant passivement
au plus fort, auront exécuté de véritables voyages, de telle
sorte que la topographie aura été en changement continuel.
Il en résulte que celle-ci, à un instant déterminé, celui où
nous sommes par exemple, n'est qu'un véritable *instantané*
et que les lignes hydrographiques ne sont plus celles de
la distribution initiale mais de véritables *synthèses*.

Toutes les questions qui touchent à cette *vie* des cours
d'eau ont été très élucidées, surtout par les géographes
américains, qui se sont fait une spécialité de cette étude.
On peut citer les travaux de M. Davis, professeur à l'uni-
versité Harvard, et, en particulier, son étude si intéressante
de la lutte que la Meuse a dû soutenir contre le Rhin et
la Seine et dont elle est sortie vaincue en perdant deux de
ses affluents, la Moselle capturée par la Meurthe, et l'Aire
décapitée par l'Aisne et dont la Bar n'est que la partie inférieure atrophiée (fig. 30). On pourrait se servir de ces

travaux et de tous ceux que M. de Lapparent a si bien
résumés dans ses *Leçons de géographie physique* pour se
livrer à des développements intéressants, auxquels on
ajouterait ceux qui concernent l'érosion glaciaire, l'action

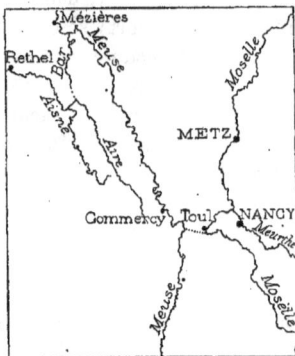

Fig. 30.

de la mer sur les rivages, celle des vents et même les
phénomènes volcaniques. Mais il nous semble que ces
développements concernent plus spécialement la topographie et qu'il suffit au géographe d'en avoir présente à
l'esprit la philosophie générale. Il nous tarde d'ailleurs de
passer à l'examen de la plus importante des conséquences
du travail de l'érosion, l'usure du sol.

Le travail sans cesse renouvelé de la sculpture a en
effet une fin qui est l'usure complète du relief du sol ; non
pas cependant que celui-ci arrive à l'horizontalité absolue,
mais à une sorte de forme d'équilibre excessivement adou-
cie. Cette forme d'équilibre est la *pénéplaine*[1] que l'on peut
considérer comme une surface engendrée par la combi-

---

1. Déformation française de l'expression *peneplain* employée par M. Davis et mise en usage par M. DE LAPPARENT.

naison de tous les profils d'équilibre des cours d'eau, profils entre lesquels les versants se seraient en outre progressivement aplatis.

Au premier abord cet effet d'usure complète paraît une limite qui doit être difficilement atteinte, et l'esprit ne se figure guère une région montagneuse comme les Alpes ainsi complétement rasée. Cependant l'examen des sédiments qui sont la contrepartie des destructions passées, les épaisseurs de certaines couches détritiques comme celles de la *Nagelfluh,* conglomérat tertiaire de cailloux roulés, qui forment presque toute la masse du Righi, la vue des grands affleurements de granite qui, d'après ce que nous avons vu sur la formation de cette roche, ont été forcément autrefois cachés dans les profondeurs du sol, familiarisent peu à peu avec les effets gigantesques de l'érosion. Et d'ailleurs le fait est là, et des inductions absolument irréfutables ont montré aux géologues que là où se trouvent aujourd'hui les plaines basses de la Belgique et de la Hollande se dressait autrefois un système montagneux de la valeur des Alpes !

Ainsi donc une région quelque accidentée qu'elle ait pu être à l'origine est destinée à être ramenée peu à peu à l'état de *pénéplaine.* Mais on ne peut affirmer que parvenue à cet état elle doit échapper définitivement à l'action de l'érosion. Celle-ci la guette, en effet, et au moindre changement dans son assiette, au moindre *rajeunissement* de son architecture, elle reprend son œuvre et cherche de nouveau à abaisser ce qui se sera élevé.

Le même résultat se produirait d'ailleurs si, la région restant immobile, le niveau de base qui a déterminé son usure venait à s'abaisser. Ainsi, par exemple, une région usée sous l'influence d'un niveau de base déterminée par un lac ne communiquant pas avec la mer, verrait s'ouvrir une nouvelle période d'érosion si le lac était mis en communication avec la côte. On voit donc apparaître une nouvelle notion, celle des *cycles successifs* de l'érosion ;

elle est excessivement importante et explique bien des modifications du relief.

Il convient maintenant de chercher à démêler comment, sous l'influence de ces lois générales, l'érosion modifie les deux architectures types que nous avons précédemment définies : l'architecture *plissée* et l'architecture *tabulaire*.

Si l'on s'imagine une contrée d'architecture tabulaire formée mécaniquement de toutes pièces et n'ayant jusquelà subi aucune action érosive, on devine que les compartiments affaissés vont servir de lieu de rendez-vous aux eaux, se transformant s'il y a lieu en lacs ou en mers intérieures. Ceux-ci fourniront alors un niveau de base temporaire aux *tables* qui penchent vers elles, jusqu'au moment où ils se videront et seront sculptés eux-mêmes sous l'influence du niveau de base général de l'Océan. Alors s'ouvrira pour les tables supérieures un nouveau cycle d'érosion, le travail de creusement des vallées accompagné de tous ses phénomènes accessoires y reprendra une nouvelle intensité, ou recommencera s'il s'était arrêté. Reste maintenant à se rendre compte de ce qui peut se passer dans l'étendue d'un de ces éléments tabulaires pendant la durée du premier cycle d'érosion.

Supposons que cet élément tabulaire ait une surface absolument plane ; les eaux auront une tendance à couler suivant les lignes de plus grande pente et à former un premier réseau de rivières *conséquentes* parallèles qui s'enfoncera peu à peu dans la table. Mais l'érosion superficielle agissant d'autre part plus énergiquement sur les parties les plus élevées de la table, coupera peu à peu celle-ci comme en biseau, faisant apparaître à l'air libre les tranches des différentes assises du sol. Si celles-ci ont des duretés différentes, les bandes les plus dures resteront en saillie et il s'établira comme des cannelures latérales au fond desquelles couleront des cours d'eau *subséquents*

venant généralement rejoindre les premiers à angle droit.
En même temps, si la pente des couches n'est pas trop
forte, le pays prendra une disposition en terrasses terminées par des corniches correspondant aux couches les
plus dures (fig. 31 et 32).

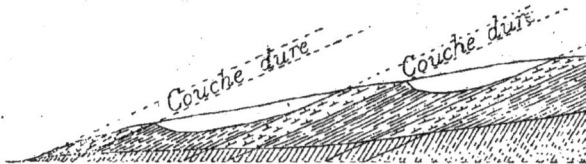

Fig. 31.

Fig. 32.

Ainsi donc, la disposition topographique par excellence
des parties élémentaires d'une région tabulaire est la disposition en terrasses avec un réseau hydrographique composé de troncs conséquents dirigés suivant les lignes de
plus grande pente. Il va de soi que si la surface de la
table primitive n'est pas plane, la disposition subira des
variantes. C'est ainsi que dans la partie de la région parisienne orientale où la disposition des éléments tabulaires
forme une sorte de cône, le tracé des cours d'eau conséquents devient convergent, et que les corniches qui ter-
minent les terrasses tracent une série de lignes courbes
concentriques.

Il faut toutefois faire deux remarques au sujet de cette
disposition. D'abord c'est que les éléments topographiques
sont en continuel déplacement jusqu'au moment où la pénéplaine a réussi à s'établir; les cours d'eau s'approfondissant peu à peu et les corniches reculant sans cesse, de
telle sorte que des assises entières disparaissent comme

rabotées. Ensuite, c'est que la naissance des terrasses dépend absolument de l'alternance de couches dures avec des couches tendres et que lorsque cette alternance n'existe pas, il ne se produit ni terrasses ni corniches. Or, nous avons eu l'occasion de faire remarquer, en parlant des matériaux du sol, qu'une même assise peut être dure ici et tendre un peu plus loin, parce que les conditions de sédimentation ont pu ne pas être les mêmes. Il en résulte qu'une corniche, très nette à un endroit, peut s'atténuer à très peu de distance de là et même disparaître complètement si la dureté des deux couches devient comparable, que ce soit l'inférieure qui devienne plus dure ou la supérieure plus tendre. Pour ces raisons, il faut avoir bien soin, dans les descriptions géographiques, de ne pas trop géométriser les corniches, sous peine de leur attribuer une continuité qu'elles n'ont pas et de fausser ainsi les idées sur l'aspect d'une région. C'est le grave reproche que l'on peut faire à toutes les descriptions de la région parisienne et principalement à celles qui émanent des géographes militaires.

Les pays à terrasses se distinguent facilement sur les cartes géologiques par la distribution des teintes en larges nappes se succédant généralement dans l'ordre chronologique. Les territoires qui correspondent à chacune de ces nappes ou *auréoles* ont, on le conçoit, des caractères topographiques particuliers qui dépendent bien plus de la nature du terrain que de la disposition architecturale, qui est d'une grande simplicité. Ils forment donc des *pays* différents auxquels les hommes ont donné naturellement des noms spéciaux; ainsi la Haye et la Woëvre en Lorraine, la Champagne pouilleuse et la Champagne humide, le Vallage, l'Argonne et le Barrois. Dans chacun d'eux existe un petit système hydrographique qui vient se greffer sur le système général de la région tabulaire; ramure touffue dans les auréoles imperméables, rudimentaire dans les auréoles perméables et fissurées. La considération de

ces *unités* est absolument nécessaire à toute bonne description et en particulier à celles de la géographie militaire.

Passons maintenant à l'examen d'une région plissée et
prenons-la également au moment où elle vient de finir de
se former et en supposant que jusque-là elle ait échappé à
toute action érosive. Les eaux auront une tendance à glisser des parties convexes dans les parties concaves, et l'on
voit qu'un réseau hydrographique primordial ou *conséquent*
s'établira au fond des synclinaux, tandis que des affluents
subséquents se formeront sur les flancs des anticlinaux et
rejoindront les premiers en suivant les lignes de plus
grande pente. Mais, d'autre part, les têtes ou sommets des
plis, disloquées plus que les autres parties de la région par
le fait même de l'action de plissement, s'useront sous l'action de l'atmosphère, de telle sorte qu'au bout d'un certain
temps, les couches intérieures du sol seront dégagées et
apparaîtront par leurs tranches. Dès lors les différences
de dureté se feront sentir et, en faisant les mêmes restric-
tions que pour les régions tabulaires au sujet de la continuité des formes, on voit qu'un pli simple se résoudra en
un profil infiniment plus compliqué comprenant des cannelures d'érosion séparées par des *crêts* qui sont les homo-
logues des corniches des régions à terrasses. Tel est le
profil de la figure 33, qui peut être considéré comme sché-

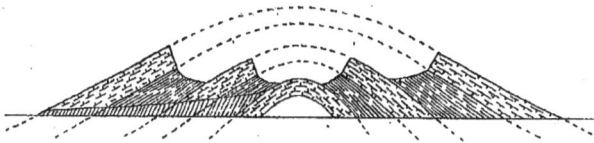

Fig. 33.

matisant l'état actuel d'une suite de plis du Jura français.
Dans ces cannelures s'établissent, si le sol n'est pas trop
perméable, de nouvelles rivières secondaires longitudinales ; puis ces cours d'eau se mettent en relations les uns

avec les autres soit par les régions indécises où les plis se
relayent, soit par les brèches résultant de cassures transversales des plis, soit, plus souvent encore, par les entailles
latérales produites par l'approfondissement des vallées
subséquentes. Il en résulte un cours *synthétique* présentant de grandes branches longitudinales ayant la direction
générale des plis et réunies par des branches plus courtes
perpendiculaires à celles-ci et coupant les plis en *cluses*
(fig. 34). Toutefois certaines vallées ont le type nettement

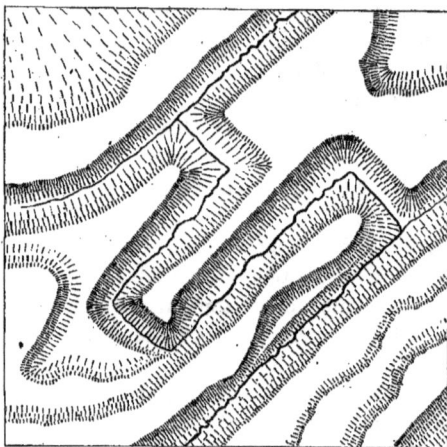

Fig. 34.

transversal. Cette disposition peut tenir à une synthèse
réunissant presque directement plusieurs coupures transversales, mais elle peut quelquefois être attribuée à l'influence du système de plis conjugués transverses qui accom-
pagne, comme nous l'avons dit, tout faisceau de plis[1].

1. M. Lugeon a récemment fait remarquer que beaucoup de vallées
tranversales des Alpes avaient été déterminées par cette sorte d'*interfé-
rence* des deux systèmes de plis. La vallée du Rhône, de Martigny au
lac de Genève, et celle de l'Aar rentreraient dans cette catégorie.

Comme pour les régions tabulaires, il faut remarquer que les régions plissées sont en continuelle déformation sous l'effet de l'érosion. La limite de cette déformation est la *pénéplaine,* mais avant que cette forme définitive soit atteinte, les effets les plus imprévus auront pu se produire. L'un d'eux consiste dans l'établissement de vallées anti-clinales. Si en effet la dégradation de la tête d'un pli met à nu un noyau tendre, celui-ci se creusera rapidement et permettra l'établissement d'une vallée sur le sommet même de l'ancienne voûte (fig. 35) ; le cours du Doubs en

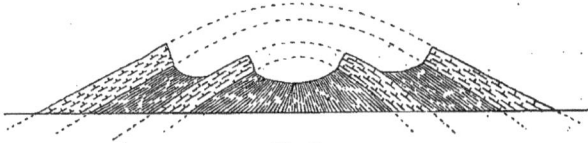

Fig. 35.

amont de Besançon se développe quelque temps dans une vallée de ce genre. Un autre se résume en une véritable inversion du relief, et se produira également lorsque la dislocation de la tête des plis aura permis à l'érosion d'attaquer un noyau plus tendre que les couches extérieures (fig. 36). Un troisième consiste dans la séparation com-

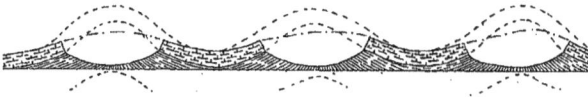

Fig. 36.

plète qui peut s'établir entre la racine et la tête d'un *pli couché,* de telle façon que cette tête repose comme une masse *exotique* sur une région totalement distincte sans qu'on puisse deviner *à priori* où il faut chercher son origine (fig. 37).

Ces exemples montrent combien les effets de l'érosion compliquent l'étude d'une architecture plissée et combien il est souvent difficile d'en démêler les lignes originelles.

Si avancée que soit l'étude des Alpes, on ne peut encore
la considérer comme définitive ; on juge d'après cela combien il y a encore à faire pour l'étude de la plupart des
régions plissées du globe.

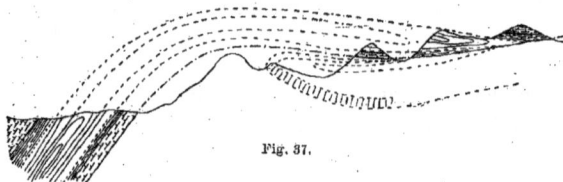

Fig. 37.

Une région plissée se reconnaît aisément sur une carte
géologique par la disposition des affleurements en bandes étroites d'allures grossièrement parallèles. Si la région
n'est encore que faiblement attaquée par l'érosion, les couleurs des bandes seront variées, mais de la même gamme
de teintes ; si la destruction est plus avancée, on distin-
guera plusieurs de ces gammes, car plusieurs familles de
terrains auront été amenées au jour ; enfin, si l'usure est plus
complète et si la région a été fortement plissée, on verra
apparaître des traînées des teintes distinctives du terrain
archéen et du granite qui forment nécessairement le cœur
des ondulations puissantes. Le peu de largeur de toutes
ces bandes comparées aux nappes des pays tabulaires montre que dans les régions plissées il ne se développe point
de *pays* correspondant à une même nature de matériaux.
Aussi, est-ce moins cette nature des matériaux qui influence les divisions géographiques que les grandes lignes
architecturales ou *tectoniques* et, en particulier, la disposition des vallées.

Mais nous avons supposé jusqu'ici que les systèmes
d'architecture s'étaient élevés de toutes pièces, et l'on
sait, au contraire, que si les dislocations du sol peuvent
présenter des mouvements élémentaires ayant un caractère
de catastrophe, elles procèdent dans leur ensemble avec

une majestueuse lenteur. Il en résulte que l'érosion s'attaque à l'architecture bien avant sa fixation définitive. Il en résulte aussi que des traits hydrographiques préexistants à une architecture, peuvent se maintenir en dépit de l'apparition de celle-ci ; les cours d'eau approfondissant simplement leurs vallées dans le nouveau relief à mesure que celui-ci prend figure, et *s'entêtant* en quelque sorte à ne pas changer leur disposition primitive. C'est ainsi que s'explique le cours paradoxal de la Meuse entre Mézières et Namur, par lequel le fleuve semble percer la barrière des plateaux ardennais, tandis qu'il n'a fait que s'enfoncer progressivement dans leur masse qui se relevait avec lenteur. C'est ainsi encore que certaines rivières coupent transversalement un pli, parce que celui-ci a surgi lentement en travers de leur direction [1].

Enfin nous n'avons examiné que le cas d'une architecture simple, or il en existe de composites. Une région, jadis plissée, aura pu être affectée ultérieurement par des mouvements d'ordre tabulaire. Dans ce cas, l'ancienne architecture pourra avoir à un certain moment une sorte *d'effet réflexe* sur la sculpture du nouveau cycle d'érosion. Supposons, par exemple, pour prendre un cas complexe mais très fréquent, une région anciennement plissée et réduite à l'état de pénéplaine par un premier cycle d'érosion, puis abîmée sous les mers et recouverte de nappes sédimentaires, enfin émergée de nouveau et disloquée par des mouvements d'ordre tabulaire qui en rajeunissent le relief. (Pl. I.) Le nouveau cycle d'érosion qui s'ouvrira avec ce rajeunissement décapera peu à peu les *tables*, y faisant apparaître, s'il y a lieu, des terrasses qui reculeront progressivement, de telle façon qu'à un certain moment la

---

1. Cette image de trouées faites par les fleuves dans certaines barrières est familière aux géographes, qui l'appliquent également à la traversée des massifs rhénans par le Rhin et aux coupures des terrasses de la région parisienne. On voit que le plus souvent elle conduit à un véritable contresens

surface de l'ancienne pénéplaine sera mise au jour. A partir de ce moment, les cours d'eau pourront s'entêter à couler suivant la disposition acquise et s'enfoncer dans cette ancienne pénéplaine relevée, mais la structure de celle-ci fera sentir son influence, et les anciens plis, en montrant leurs tranches où les roches dures seront mises en évidence, tandis que les roches tendres seront mordues par l'érosion, donneront naissance à des bourrelets parallèles, sortes d'échos affaiblis de l'antique relief plissé. (Pl. I.) On voit donc que dans certaines parties d'une contrée à laquelle on peut appliquer l'épithète de tabulaire, l'*aspect tabulaire* peut avoir complètement disparu. Un des exemples les plus frappants en est donné par la région des Hautes-Vosges, dont le relief actuel a été formé par une suite d'événements analogues à ceux que nous venons d'indiquer.

*
* *

Telles sont les notions sommaires qu'il convient d'avoir présentes à son esprit si l'on veut se faire une idée raisonnable de la genèse des formes du sol.

Réduites à cette sorte de philosophie générale, et débarrassées de la nomenclature touffue que nécessitent les études de détail, elles ne nous semblent ni difficiles à comprendre ni difficiles à retenir. Après s'en être bien pénétré, il faut aller plus loin et chercher à discerner comment les trois éléments : *nature des matériaux, architecture* et *sculpture,* se sont combinés à travers les âges pour faire évoluer la distribution géographique et l'amener à son état actuel. C'est ce que nous allons faire.

L'ÉVOLUTION GÉOGRAPHIQUE

La physionomie actuelle du globe terrestre n'est en somme qu'un état transitoire. A partir du moment où la terre est entrée dans la phase planétaire, c'est-à-dire dès que la première pellicule solide a réussi à s'établir d'une façon définitive, il y a eu une distribution géographique ; depuis cette époque, cette distribution n'a cessé d'évoluer pour arriver à la distribution actuelle ; celle-ci se modifiera à son tour et l'évolution continuera jusqu'au moment où les forces en jeu cesseront de s'exercer.

Ces forces sont dues à deux causes profondes : le refroidissement terrestre et l'énergie solaire ; à la première, il faut attribuer la formation des reliefs, à la seconde leur usure progressive. C'est, en effet, le refroidissement de la terre qui, déterminant sa contraction, oblige la croûte superficielle à former des remplis pour se ployer à cette contraction, et c'est l'énergie solaire qui met en mouvement les fluides superficiels, agents destructeurs dont l'action répétée tend à niveler la surface du sol, et qui entretient les forces organiques dont nous avons vu l'influence sur la sédimentation. Il faut constater que ces deux groupes de forces sont loin d'avoir une action parallèle. Tandis que les agents destructeurs agissent d'une façon insensible mais continue, la construction du relief procède par à-coups et comprend de grandes phases d'activité orogénique séparées par des phases de calme relatif ; la croûte terrestre ne pouvant suivre pas à pas le noyau dans son retrait et n'entrant en mouvement sérieux que lorsqu'un écart notable a pu se produire.

Une interprétation rigoureuse des enseignements fournis par l'étude des terrains sédimentaires montre d'ailleurs que le relief du globe a dû se renouveler à plusieurs reprises.

Si, en effet, on cherche à évaluer l'épaisseur moyenne

de la série des terrains sédimentaires, on arrive, en tenant
compte des variations d'importance des assises et des lacunes tenant aux émersions à certaines époques ou à d'autres causes, à un chiffre d'une dizaine de kilomètres.
D'autre part, un calcul approximatif montre que le relief
actuel du globe ne donnerait, par ses matériaux répartis
suivant les lois de la sédimentation, qu'une épaisseur de
trois kilomètres environ de couches nouvelles.

Dès lors une conclusion s'impose : c'est que le mécanisme de l'érosion a dû se répéter plusieurs fois depuis l'o-
rigine des temps géographiques, *qu'à plusieurs reprises
des reliefs montagneux ont surgi puis ont été rabotés par l'é-
rosion,* enfin que les montagnes actuelles doivent toutes
leur relief à des événements relativement récents, les
formes originelles des anciens massifs montagneux ayant
depuis longtemps disparu.

Ainsi donc, la distribution géographique actuelle n'est
que le résultat synthétique d'une quantité d'événements
divers. Une série de périodes d'activité orogénique a déterminé la formation de reliefs, et ces périodes ont été séparées par des phases de calme relatif pendant lesquelles
le jeu des agents d'érosion continuant à s'exercer usait ces
reliefs et accumulait leurs débris, sous forme de sédiments, dans les dépressions existantes. La phase que nous
traversons actuellement nous donne l'image d'une des
phases de calme relatif, elle a succédé à la période de
spasmes qui a donné naissance aux montagnes les plus
jeunes de l'Europe : les Alpes. Nous pouvons, grâce à
elle, observer directement le mécanisme de l'érosion, la
formation des sédiments, et quelques manifestations, fort
réduites d'ailleurs, de l'activité interne.

Où étaient les massifs montagneux qui ont précédé,
dans l'histoire du globe, le relief actuel? Comment se
sont-ils succédé? C'est ce qu'à *priori* il semble bien difficile de dire. Et cependant, les études patientes des géo-

logues ont fini par nous donner la clef de ces questions.
Comme nous l'avons vu, à propos des matériaux du sol
et de leur disposition architecturale, la nature des sédiments, les variations de leurs *facies,* les lacunes même
qui peuvent se présenter dans leur succession naturelle,
ainsi que les discordances de leurs stratifications, permettent de se rendre compte de l'emplacement des anciens
systèmes montagneux, du moment où ils ont fait leur apparition, et même, dans une certaine mesure, de la valeur de leur relief.

Pour l'ensemble du globe, on n'a encore à ce sujet que
des vues très générales, mais pour l'Europe l'étude est
plus avancée et il semble que l'on puisse affirmer, avec
M. Marcel Bertrand, que l'histoire du relief de cette contrée comprend quatre grandes périodes d'activité orogénique ; à chacune d'elles a correspondu l'apparition d'une
grande bande de montagnes plissées, flanquées sans doute
de reliefs tabulaires qui en étaient la conséquence indi-
recte. Ces bandes plissées ou *rides* désignées sous les
noms de *ride Huronienne, ride Calédonienne, ride Hercynienne* et *ride Alpine,* se sont succédé dans cet ordre,
du nord au sud, dans la suite des temps ; le premier croquis de la planche II en indique la disposition générale.

La formation de chacune de ces rides, et par ce mot de
ride il faut entendre une région plissée fort complexe,
aurait été un phénomène de très longue haleine comprenant plusieurs phases, une phase préparatoire, une
phase de plissement maximum et une phase consécutive,
cette dernière s'étant surtout traduite par de grands effondrements causés sans doute par l'exagération même du
phénomène de plissement.

En résumé, l'histoire d'une région déterminée du globe
est excessivement compliquée. Alternativement soulevée
et abaissée par les grands mouvements du sol, plissée par

les actions de refoulement latéral ou réduite à l'état de
pénéplaine par l'action des agents d'érosion pendant les
périodes de calme relatif, toute région a passé par une
suite de cycles distincts. Chacun d'eux a laissé son em-
preinte dans la synthèse qui apparaît à nos yeux aujour-
d'hui, et on conçoit dès lors qu'on ne peut bien comprendre la structure d'une région que si l'on connaît son histoire géologique.

Restituer cette histoire est une tâche bien ardue, et
jusqu'à ces dernières années, le problème pouvait paraître
insoluble. Aujourd'hui on commence à en entrevoir la
solution, et, pour certaines parties du globe, il est presque
permis d'être affirmatif. Les résultats obtenus n'ont rien
des conceptions purement théoriques des premiers géologues et auxquelles on voulait à toute force plier la nature ;
ils sont le fruit des observations accumulées et constituent des documents définitifs.

Nous allons examiner, en manière d'exemple, les grandes phases par lesquelles a passé l'Europe centrale ; nous
verrons que l'on peut en tirer des indications indispen-
sables pour sa bonne description géographique.

GRANDES LIGNES DE L'ÉVOLUTION GÉOGRAPHIQUE DE L'EUROPE CENTRALE

Toute étude historique nécessite l'établissement de points de repère dans la suite des âges. Il n'est pas besoin de dire que celle des phases de l'évolution géographique ne peut s'accommoder des divisions habituelles du temps ; une année, un siècle, une dizaine de siècles ne comptent point dans l'histoire de la terre. Il faut donc chercher d'autres divisions chronologiques.

Une première manière de faire consiste à se servir de ce qu'on peut appeler *l'échelle des temps sédimentaires*. Nous avons dit, en traitant des matériaux du sol, quelles en étaient les grandes divisions, et montré, par un exemple, le détail que pouvaient atteindre les plus petites.

Mais la succession des phénomènes orogéniques et notamment l'apparition des grandes rides que nous avons précédemment définies donnent, pour l'évaluation des temps géologiques, une nouvelle échelle plus large et plus souple que la précédente. Cette *échelle orogénique* sera parfois plus utile au géographe.

Le tableau ci-après indique ces deux échelles et montre les liens de concordance qui existent entre elles. Le géographe devra se familiariser avec leur emploi et chercher à se rendre compte de la valeur *sédimentaire* que peuvent avoir des expressions telles que : temps hercynien, période alpine, période de repos post-hercynienne, etc., qui sont très utiles pour préciser en peu de mots les diverses phases de l'évolution géographique.

TABLEAU.

Ère quater-	Période actuelle.		
naire (homme).	Période pléistocène.		
Ère tertiaire ou néozoïque.	Période néogène..	S.-p. pliocène.	Ridement alpin (phase maxima).
		S.-p. miocène . . .	
	Période éogène.	S.-p. oligocène.	
		S.-p. éocène.	
Ère secondaire ou mésozoïque.	Période crétacique.	S.-p. supracrétacée.	
		S.-p. infracrétacée.	
	Période jurassique	S.-p. suprajurassique.	
		S.-p. médiojurassique	
		S.-p. infrajurassique ou liasique.	
	Période triasique.		
Ère primaire ou paléozoïque.	Période permienne.		
	Période carboniférienne. . . .		Ridement hercynien. (phase maxima).
	Période dévonienne.		
	Période silurienne		Ridement calédonien.
	Période précambrienne.		Ridement huronien.
Ère primitive ou azoïque.	Période archéenne.		

Il resterait à évaluer en chiffres ordinaires les temps de ces deux échelles ; on conçoit que les géologues n'aient pu faire à ce sujet que des études approximatives. Les évaluations les plus généralement adoptées attribuent à l'ère tertiaire une durée de trois millions d'années, tandis que les ères secondaire et primaire auraient duré respectivement neuf et trente-six millions d'années.

Comme toute histoire, celle de la formation de l'Europe centrale est plus incertaine à mesure que l'on se rapproche des origines. Les documents, représentés ici par les couches du sol, ont en grande partie disparu ou ont subi de telles altérations que les renseignements qu'ils fournissent sont confus. On ne peut donc donner au sujet des périodes les plus anciennes que des indications assez vagues, tandis que les dernières peuvent être analysées avec plus de précision.

Ère primaire. — A l'époque huronienne, la terre ferme

était représentée, dans la région européenne, par un continent boréal qui s'étendait au nord de la Norvège et de l'Écosse et qui se reliait à l'ouest au continent boréal américain, tandis qu'à l'est il embrassait vraisemblablement la partie suédoise de la péninsule scandinave actuelle, le golfe de Finlande et la Finlande. Les plis de la ride huronienne bordaient la partie méridionale de ce continent au sud duquel émergeaient, du sein de mers probablement peu profondes, des régions insulaires pourvues d'un certain relief. L'une d'elles se trouvait sur l'emplacement du centre de la France actuelle, avec une annexe du côté de la Bretagne; une autre correspondait à la Bohême; une troisième s'étendait sur la partie centrale de la péninsule des Balkans.

La période calédonienne a marqué une extension, assez restreinte d'ailleurs, vers le sud, du continent boréal. Les sédiments siluriens déposés le long des côtes de ce dernier étaient plissés en de nouvelles chaînes qui vinrent s'étendre sur la Norvège et l'Écosse actuelles et dont les éléments les plus méridionaux affectaient la région franco-belge. Les masses insulaires, que nous avons mentionnées plus haut, subsistaient d'ailleurs, au sud de ces nouveaux rivages, dans la mer dévonienne.

Des modifications d'un ordre géographique bien plus important devaient se produire à l'époque hercynienne. Elles préludèrent par une émersion presque totale du sol de l'Europe centrale. Bientôt une partie considérable de ce nouveau continent se plissait énergiquement pour donner naissance aux différentes chaînes de la ride hercynienne, et, à la fin de l'époque carbonifèrienne, une *Europe centrale hercynienne*, avec ses chaînes de montagnes, ses bassins déprimés et ses cours d'eau, avait ses traits principaux dessinés. Nous possédons au sujet de cette Europe hercynienne des notions plus précises que celles que nous

avons au sujet des continents antérieurs. L'observation
des couches du sol a permis de reconstituer dans une certaine mesure l'emplacement des chaînes de montagnes de
cette époque, la direction de leurs plis, l'importance ap-
proximative même des altitudes ; et l'on peut en particulier s'imaginer une série de massifs de la valeur des Alpes
actuelles allant de la Bretagne à la Bohême en passant par
la région centrale de la France, les Vosges, les Ardennes,
les plateaux schisteux rhénans et toute l'Allemagne centrale. La direction générale des plis présentait deux grands
tournants, au sud de l'ancien îlot français et au nord de
l'îlot bohémien. La température élevée qui régnait unifor-
mément sur le globe à ce moment et l'abondance de l'acide
carbonique dans l'atmosphère devaient être la cause du
développement d'une végétation intense sur ces nouvelles
terres. Ce sont les débris de cette végétation qui, entraînés par les torrents et les rivières et accumulés par eux en
épaisses masses alluvionnaires sur les côtes et dans les
dépressions intérieures du continent hercynien, ont donné
naissance à la houille. De là de nouvelles indications sur
la situation des golfes et des dépressions lacustres ou flu-
viales de l'époque.

La fin de l'ère primaire devait voir s'accomplir la dislocation du continent hercynien ramené probablement déjà
à l'état de *pénéplaine*. La période permienne, qui est la
dernière de l'ère primaire, fut signalée par des manifestations éruptives importantes dont les vestiges montrent
à nos yeux les principales régions de dislocations de cette
époque. Ces manifestations continuèrent pendant le début
de l'ère secondaire, puis s'arrêtèrent complètement pendant le reste de cette grande section de l'histoire de la
terre qui fut pour la région de l'Europe centrale une phase
de repos relatif.

Ère secondaire. — La dislocation du continent hercynien avait laissé deux masses continentales, l'une à

l'est, sur l'emplacement de la Russie occidentale actuelle, l'autre à l'ouest, sur la région atlantique et dont la partie extrême correspondait à notre Bretagne. Entre ces deux limites, l'Europe centrale était réduite à un certain nombre de masses insulaires dont l'étendue et même la position ne cessèrent de varier pendant la longue durée des temps secondaires. Ces masses insulaires, sans doute aplanies, comprenaient, dans le nord, une terre sur la région anglo-flamande-ardennaise, un îlot sur l'emplacement de la France centrale, région de grande stabilité comme l'on voit, un autre sur celui de la Bohême ; des terres semblables s'élevaient, au sud, sur la partie septentrionale de la péninsule des Balkans et une portion de la région hongroise, sur la Meseta ibérique, et vraisemblablement sur l'emplacement du golfe du Lion et d'une partie de la Méditerranée occidentale actuelle. On a pris l'habitude de désigner sous le nom de *Tyrrhénide* cette dernière région dont la Sicile, la Corse, la Sardaigne et certaines parties côtières de l'Italie, sont des vestiges. Enfin de petits îlots disséminés dans les mers de la région alpine occidentale y montraient les restes d'anciennes chaînes hercyniennes et servaient de point d'appui à la sédimentation.

Les croquis de la planche II montrent, d'après M. Penck, quelles ont pu être *très approximativement* les variations des plus septentrionales de ces masses insulaires pendant la durée de l'ère secondaire. Dans les mers qui les séparaient, les sédiments se déposèrent successivement sur le socle fourni par les parties affaissées de l'ancien continent hercynien. Ces mers devaient avoir le caractère de mers peu profondes, analogues à la mer Baltique et à la mer du Nord actuelles, et les moindres oscillations de l'écorce terrestre devaient se traduire, dans ces régions basses, par de grandes transgressions ou régressions. Les grandes profondeurs ne se rencontraient que dans les mers méditerranées de l'époque, dans le voisinage desquelles s'esquissaient peut-être déjà les mouvements de plissement

qui devaient prendre une si grande importance au début
de l'ère suivante. On complétera ces croquis en disant
qu'à la fin de la période jurassique, il a dû y avoir une
émersion presque générale, de telle sorte qu'il faut se
figurer les transgressions de la mer comme allant en
croissant, du trias au lias, pour décroître aux temps médio-
jurassiques, et comme reprenant aux temps infracrétacés
pour progresser pendant la période supracrétacée. Sans
entrer dans des détails qui enlèveraient à cet exposé général la concision sans laquelle il ne peut être utile, nous
nous contenterons de dire que l'examen plus complet de
ces transgressions conduit, dans des études un peu plus
détaillées, à bien des conclusions géographiques importantes.

Ère tertiaire. — Le début de l'ère tertiaire fut marqué par une émersion presque totale du sol de l'Europe,
émersion analogue en tous points à celle de la période
carbonifèrienne, et qui, comme elle, devait être le début d'une phase de plissements énergiques. Ces plissements sont ceux de la ride alpine ; celle-ci correspond
aux montagnes qui s'étendent aujourd'hui des Pyrénées
au Caucase par les Alpes, les Carpathes et les Balkans,
avec leurs annexes comme les Apennins, les Alpes Dina-
riques, et qui toutes se dressent dans le voisinage de la
dépression méditerranéenne. Il faut se figurer cette pro-
duction des plis alpins comme un phénomène de *très longue haleine* qui, commençant à l'époque éocène dans les
Pyrénées et les Apennins, a eu son maximum à l'époque
miocène dans la région alpine.

Au nord de la partie de l'Europe en voie de plissement,
s'étendait un continent presque plat où les terrains sédimentaires déposés durant les périodes précédentes reliaient
les îlots d'ancienne consolidation que nous avons cités
plus haut, et qui, ramenés eux-mêmes depuis longtemps à
l'état de pénéplaines, ne présentaient aucun relief sérieux.

Tels quels ils constituaient néanmoins, par leurs racines profondes qui avaient résisté aux dislocations post-hercyniennes, de véritables môles avec lesquels allaient avoir à compter les plissements méridionaux. Ceux-ci devaient en effet épouser leurs formes générales, se recourbant à l'approche de certains, comme l'îlot central de la France, se bifurquant autour d'autres, comme le massif hongrois, et prenant en fin de compte la disposition sinueuse que nous observons dans la planimétrie actuelle. Mais sous l'effort de ces pressions latérales, sous l'influence, sans doute aussi, des causes profondes qui motivaient les plissements, ces môles ne pouvaient rester complètement immobiles et étaient eux-mêmes disloqués. Il en était de même des régions de remplissage qui les réunissaient, et une partie de l'Europe se divisait, par le jeu des cassures, en compartiments destinés les uns à s'élever, les autres à s'affaisser, rajeunissant ainsi le relief de la région. Les mers pénétraient dans certains des compartiments affaissés, tandis que, comme après la période hercynienne, des manifestations éruptives venaient répandre sur d'autres les produits de l'activité interne dont les épanchements se superposaient au socle général. Comme la formation des plis elle-même, ces dislocations furent une œuvre de *longue haleine*; les mouvements de rejet et de bascule se firent par gradations insensibles et à des époques diverses, les manifestations volcaniques elles-mêmes s'échelonnèrent durant les milliers de siècles qu'a comptés l'ère tertiaire. Un des croquis de la planche II donne, toujours d'après M. Penck, un aperçu du retour des mers dans les compartiments affaissés pendant la période oligocène; il montre notamment l'apparition d'un bras traversant la masse continentale qui s'était établie sur le nord-est de la France dans la période crétacée et reliant la mer du Nord de l'époque à la mer qui longeait le bord septentrional des Alpes en voie de plissement.

Mais le continent ainsi formé ne devait pas subsister

dans son intégrité. A l'exemple de ce qui s'était passé à la fin de la phase hercynienne, de grands effondrements se produisaient, causés sans doute par l'exagération même des plissements qui venaient de se produire. Certains d'entre eux détruisaient, pendant la période pliocène, le noyau de la Tyrrhénide, d'autres créaient la dépression hongroise aux dépens d'une partie des plis alpins et de l'îlot d'ancienne consolidation qui les avait divisés en cet endroit.

Ère quaternaire. — L'ère quaternaire vit, dans sa période pléistocène, la continuation des effondrements de la zone méditerranéenne et notamment la formation de la mer Égée aux dépens d'une masse continentale que des travaux récents désignent sous le nom d'*Égéide*. Mais à ces effondrements devaient s'en ajouter de plus importants encore dans la région atlantique où le continent, que nous avons vu border à l'ouest toutes les mers européennes des âges précédents, se disloquait définitivement, ne laissant comme témoins que les fragments anciens de la Bretagne et des îles Britanniques accolés aux régions plus jeunes qu'ils limitaient jusque-là. Cette rupture de la barrière si ancienne qui interdisait toute liaison entre les mers de la région polaire refroidie peu à peu pendant les périodes précédentes et celles de la zone équatoriale, jointe à la présence des énormes condensateurs formés par les grands massifs montagneux qui venaient de se dresser, fut la cause de précipitations atmosphériques extraordinaires, et celle, *au tout au moins l'une de celles,* de l'extension du régime glaciaire. Cette extension entraîna le développement considérable des glaciers des zones montagneuses, développement dont l'aspect des glaciers actuels ne donne aucune idée, et l'apparition, sur la partie septentrionale de l'Europe, d'une véritable calotte de glace, analogue sans doute à celles qui recouvrent aujourd'hui les régions polaires. La période glaciaire présenta d'ailleurs deux phases d'extension séparées par une phase de retrait. Dans la

période d'extension la plus ancienne qui fut la plus considérable, le bord de la calotte septentrionale descendit jusqu'aux limites des massifs montagneux de l'Europe centrale
actuelle. Ce régime glaciaire a eu une part considérable
dans le modelé géographique de la plus grande partie de
la Hollande et de l'Allemagne du Nord et d'une grande
partie de la Russie.

La période géologique actuelle, qui a succédé à la période
pléistocène, a vu reprendre le travail général des agents d'é-
rosion un instant ralenti par la période glaciaire, c'est donc
une phase d'usure du sol. Toutefois, le repos de l'activité
orogénique n'est que relatif ; celle-ci s'est manifestée déjà
par le morcellement de ce qui restait du continent atlantique et notamment la création du canal de Saint-Georges et
du Pas-de-Calais qui ont séparé la Grande-Bretagne de l'Ir-
lande et de la France, et le socle sous-marin qui les unit
sous les flots est destiné probablement à se morceler plus
complètement encore. Les tremblements de terre et les
manifestations volcaniques de certaines régions méditer-
ranéennes montrent, d'autre part, que tous les effondrements ne sont pas terminés de ce côté ; enfin d'autres
secousses qui se localisent en certaines parties de l'Europe
centrale, comme les environs de Darmstadt par exemple,
peuvent faire croire que le mouvement relatif des compartiments du sol n'est point encore complètement fini dans
ces régions.

CONSÉQUENCES GÉOGRAPHIQUES

De cette histoire géologique découlent des notions essentielles sur *l'architecture* des diverses parties de l'Europe centrale. Il résulte, en effet, de tout ce qui précède que *les bases du relief actuel datent de l'ère tertiaire,* où ses éléments principaux ont été déterminés tectoniquement par les mouvements de la phase orogénique alpine. Depuis cette époque, le relief est en voie d'usure et sa sculpture par les agents d'érosion, qui donne les formes si pittoresques que nous observons aujourd'hui, n'est qu'un acheminement vers l'état monotone de pénéplaine qui se conservera jusqu'à un rajeunissement tectonique ultérieur.

Mais si tout le relief a pour cause première les événements orogéniques de la période alpine, il faut distinguer que certaines de ses parties seulement sont dues à l'action directe des plissements alpins et que d'autres ne doivent leur origine qu'à des mouvements d'affaissement ou de relèvement connexes de ces actions de plissement. Il convient donc de diviser les hauteurs de l'Europe centrale en deux groupes : 1° les hauteurs faisant partie de la ride alpine, comme les Pyrénées, les Alpes, le Jura, les Apennins, les Carpathes, les Balkans, etc., où *le relief est dû au plissement lui-même*; 2° les hauteurs dont le relief vient du *jeu des compartiments disloqués* comme celles de la Bohême, du massif central de la France, de l'Allemagne centrale, etc. Dans les premières, le plissement de date tertiaire a été intense, ses vagues ont eu un rôle essentiel dans la constitution du relief du sol. Dans les secondes, le plissement de date tertiaire ne s'est poursuivi que sous forme de simples ondes et n'a pris d'intensité qu'en certains points sous l'influence de refoulements locaux dus au jeu des compartiments du sol ; la cause dominante de la formation du relief a été le jeu même de ces compartiments. Ici la forme est *plissée,* là elle est le plus souvent en gradins ou *tabulaire* [1].

Mais ces régions ont déjà été largement attaquées par l'érosion. Les parties les plus hautes de la *zone plissée* ont peut-être déjà perdu la moitié de leur hauteur, laissant apparaître le noyau des plis. Quant aux parties les plus élevées de la *zone tabulaire,* elles ont été fortement décapées. Beaucoup des couches secondaires ont déjà disparu et lorsque l'altitude du compartiment du sol a été suffisamment relevée, l'érosion, dont l'énergie est en raison de l'importance du relief, a pu réussir déjà à disperser les couches mésozoïques et à faire apparaître l'ancien substratum hercynien. La surface du sol est alors formée par de véritables fragments de l'ancienne pénéplaine de la fin des temps primaires. Les plis des anciennes montagnes hercyniennes rabotés, usés quelquefois jusqu'à leurs racines, y apparaissent à nos yeux débarrassés du manteau sédimentaire qui s'était accumulé sur eux pendant les temps secondaires; la dureté de leurs roches réagit sur les effets de l'érosion et influence de nouveau les formes géographiques de la surface. Les plateaux rhénans, le Thüringerwald, sont des régions de cet ordre; elles sont, avec celles plus rares qui ont échappé complètement à l'immersion durant les temps secondaires, une précieuse indication pour la reconstitution du passé et suivant la belle expression de M. Suess, *on voit se dévoiler à leur surface les traits d'une Europe antérieure.*

La planche III a été conçue de manière à indiquer la dis-

---

1. Nous avons généralisé là l'expression dont se servent les géologues pour distinguer, dans le Jura, la partie qui a échappé aux plissements alpins de celle qui a été soumise à ces plissements et a déferlé même en partie sur la première. Il ne faut pas d'ailleurs prendre au pied de la lettre cette expression ainsi généralisée. — La surface d'un pays tabulaire n'est pas forcément plane, elle peut même être très mouvementée, car elle dépend essentiellement des variations de dureté que présentent les couches superficielles, variations qui peuvent être considérables si la table n'est, comme cela arrive quelquefois, que le résultat de l'arasement d'une ancienne région plissée.

position relative de cès deux séries de hauteurs de l'Europe
centrale. Nous avons essayé d'y montrer à la fois l'allure
de la bande des plissements alpins et les affleurements
superficiels de l'*ancienne Europe hercynienne* non compris dans cette bande alpine[1]. Nous avons aussi cherché à
mettre en évidence les indications que ces derniers ont pu
donner sur l'allure des plis des montagnes de cette époque.
Enfin des coupes ont pour but de définir mieux aux
yeux les types de la région plissée et de la région tabulaire. Un croquis semblable ne peut évidemment fournir
que des indications très générales.

Si l'on cherche à introduire des divisions plus détaillées
dans chacune des deux zones que nous venons de définir
et qui ont des caractères si différents, on voit immédiatement que le principe de ces divisions ne saurait être le
même pour chacune d'elles.

Dans les hauteurs plissées de la zone alpine, l'élément
qui a le plus d'importance au point de vue des divisions
géographiques, c'est l'élément tectonique, c'est-à-dire l'architecture des couches du sol et non la nature des matériaux qui varie fréquemment sur un petit espace, puisque
les couches du sol ne se présentent le plus souvent que par
leurs tranches. Dans les régions tabulaires, au contraire, où
ces couches se présentent généralement en nappes peu dé-
rangées, c'est la nature des matériaux du sol qui a le plus
d'influence sur les divisions à adopter, puisque c'est d'elle
que dépendent surtout les traits de la physionomie de la
surface. Il en résulte que, contrairement à ce que l'on
pourrait croire, la géologie a plus d'importance encore
pour l'étude de ces dernières.

Ces considérations prennent même plus de force, à ce

1. On a compris dans cette catégorie les affleurements des terrains permiens, que l'on pourrait, il est vrai, considérer aussi bien comme post-
hercyniens, puisque leurs sédiments ont été dus à la destruction partielle
de la ride hercynienne.

qu'il nous semble, lorsqu'il s'agit de géographie militaire. Ce qui nous importe en effet le plus, ce sont les conditions de marche. Or, dans les montagnes plissées à grand relief, les vallées, les coupures transversales, ont une influence exceptionnelle sur le tracé des routes et nous imposent par suite des divisions souvent différentes de celles que peuvent adopter les géologues. Dans les contrées tabulaires au contraire, qu'il s'agisse de compartiments affaissés ou de compartiments surélevés, c'est la nature du sol qui change les conditions de marche presque autant que le relief et qui nous impose par suite des divisions concordant complètement avec celles des cartes géologiques.

Indiquer ces subdivisions pour toute l'Europe centrale et même pour la France seule nous entraînerait trop loin. Mais nous pouvons, sans dépasser les limites de cette *Introduction à l'étude de la géographie,* faire, au sujet de l'*architecture* de notre pays, quelques remarques générales qui serviront à préciser un peu tout ce que nous venons de dire.

Si l'on se borne à l'examen de la distribution hypsométrique du sol, on remarque que le relief de la *Région Française* a une disposition assez symétrique. La plupart des montagnes sont réparties sur le pourtour, formant comme une suite de remparts naturels qui commence par les Pyrénées, se poursuit par les Alpes, le Jura et les Vosges et se termine au nord par les plateaux de l'Ardenne. A l'intérieur de l'enceinte formée par ces montagnes et les mers, le sol se renfle de nouveau pour constituer une région mouvementée que l'on a l'habitude de désigner sous le nom de *Plateau central* de la France. Enfin, de ce noyau se détachent comme des bras qui le relient soit à la côte, soit aux chaînes du pourtour. Ce sont : à l'ouest, les collines du Poitou, de la Bretagne et de la Normandie ; au sud, les monts de l'Espinouse et les Corbières ; au nord, la

Côte d'Or, le Plateau de Langres, les Faucilles. De telle
sorte que la nature semble décomposer le territoire français en trois régions relativement déprimées : l'Aquitaine,
la dépression du Rhône et de la Saône et le Bassin parisien, adossées au Plateau central et dont chacune a une
physionomie spéciale.

Cette description est classique ; elle est claire, fait image
et est heureuse au point de vue de la répartition du relief ;
mais elle a un grand inconvénient, c'est celui de grouper
entre eux des éléments qui n'ont aucune analogie de structure et par suite de donner un mauvais point de départ
pour les études de détail. S'il est donc permis de l'em-
ployer, c'est simplement à titre de première esquisse, et il
faut immédiatement en corriger l'effet en indiquant les
groupements rationnels des hauteurs et des dépressions.

Si l'on se reporte, en effet, à ce que nous avons dit sur
la genèse du relief de l'Europe centrale, on voit que la
région française comprend deux zones d'architectures totalement différentes : celle des Pyrénées, des Alpes et du
Jura où le relief est dû aux *plissements tertiaires* dont l'ensemble constitue la *ride alpine,* et celle qui s'étend de la
Bretagne aux Vosges et aux Ardennes, en passant par le
Plateau central et la Région parisienne, et où le relief pro-
vient du *jeu des compartiments disloqués à cette même époque tertiaire* par le contre-coup des mouvements alpins. Entre les deux, les dépressions de l'Aquitaine et de la vallée
du Rhône forment raccord et leurs terrains ont joué, en
quelque sorte, le rôle de matelas entre les plissements
méridionaux et la masse résistante de cet îlot central dont
l'existence remonte aux périodes les plus reculées de
l'histoire du globe.

Il convient d'étudier séparément ces trois éléments si
différents de notre territoire.

1) Les éléments de la zone plissée, tout en datant tous de
l'ère tertiaire, n'ont pas absolument le même âge. La partie pyrénéenne paraît avoir pris sa forme définitive avant

la partie alpine. Cette dernière n'aurait vu se terminer
les mouvements de plissement qu'à la fin de l'époque
miocène, tandis que ces mouvements auraient pris fin
dans les Pyrénées à peu près avec la période éocène. Il
en résulte que les Pyrénées sont déjà beaucoup plus
usées que les massifs alpins. Non seulement l'altitude y est
moindre et la zone des neiges éternelles infiniment plus
restreinte, mais certains traits caractéristiques ont déjà
disparu, ainsi, par exemple, les lacs de bordure qui n'existent plus à la base des Pyrénées, alors qu'ils forment une
si belle ceinture aux parties les plus jeunes de la chaîne
des Alpes. De plus, la disposition curviligne des Alpes,
les nombreux faisceaux de plis qui contribuent à les former, donnent à ces montagnes une architecture infiniment
plus complexe que celle des Pyrénées, dont on peut se
faire une idée en réfléchissant qu'un seul de ces faisceaux
de plis, celui du Jura, constitue déjà à lui seul un ensemble géographique déterminé.

D'autre part, il n'y a pas continuité géographique dans
la zone plissée. L'affaissement qui a donné naissance au
golfe du Lion a séparé les plis de la basse Provence de
ceux des Pyrénées orientales dont ils sont le prolonge-
ment. Enfin, le raccord entre ces plis de la basse Provence et les Alpes proprement dites se fait par une sorte
de charnière dont l'étude est rendue plus complexe par
ce fait que les effondrements qui ont accompagné ou suivi
la formation des plis leur ont laissé accolé un petit fragment de l'ancienne *Tyrrhénide* représentée à nos yeux par
les massifs des Maures et de l'Esterel.

2) Si l'on passe maintenant à l'examen des régions de
la deuxième catégorie, on y distingue un certain nombre
de territoires de relief plus ou moins accentué, comme la
Bretagne, les Ardennes, les Vosges et le Plateau central,
au milieu desquels s'intercale la région relativement déprimée à laquelle on donne généralement le nom de Bassin parisien ou de Bassin anglo-parisien, parce que la

partie orientale de l'Angleterre paraît en faire la suite naturelle. Chacun de ces *compartiments* du sol, tout en ayant avec ses voisins un air de famille, tire sa physionomie spéciale des conditions dans lesquelles s'est opéré le *rajeunissement* de son relief.

Dans la Bretagne, constituée presque totalement par des roches anciennes, le rajeunissement a été insignifiant. Cette partie de notre territoire n'est qu'un fragment de cet ancien continent atlantique qui a été respecté par toutes les mers secondaires et qui ne s'est disloqué qu'au début de l'ère actuelle en laissant, accolés à l'Europe, quelques-uns de ses débris. Son faible relief est celui de l'ancienne pénéplaine à laquelle avait été peu à peu réduit ce grand territoire et auquel les événements de l'ère tertiaire n'ont apporté que de faibles modifications, tout en ramenant la mer sur certaines de ses parties.

Les autres régions, Plateau central, Ardennes, Vosges et leurs annexes, ont des formes bien plus accentuées, car elles ont été le siège de mouvements considérables qui ont *rajeuni* plus vigoureusement leur relief pendant l'ère tertiaire ; mais on constate entre elles de profondes différences dues soit aux variations de l'amplitude des mouvements du sol, soit à l'ancienneté plus ou moins grande de ces mouvements. Suivant, en effet, que ces mouvements ont été plus accentués et plus anciens, l'usure du relief s'est manifestée davantage. En certains endroits, elle a été suffisante pour disperser toutes les couches du terrain secondaire et mettre à nu l'ancien *substratum* primaire où apparaissent les plis de l'ancienne ride hercynienne qui avait précisément accidenté ces régions, mais usés parfois jusqu'à leurs racines. C'est ainsi que ce substratum apparaît dans les Ardennes, les Vosges méridionales et le Plateau central[1], tandis que dans les Vosges septentrionales il est en-

1. Une partie du Plateau central, son noyau, est toujours restée émergée pendant l'ère secondaire et n'a par suite jamais été recouverte par les dépôts marins de cette grande phase de l'histoire du globe, mais il

core recouvert d'une pellicule triasique, et que, dans l'espèce d'isthme qui relie les Vosges au Morvan, le manteau sédimentaire est encore plus épais et n'a vu disparaître jusqu'ici que ses couches crétaciques. Il est inutile d'insister pour faire comprendre les grandes variétés d'aspect qui résultent de ce décapement plus ou moins complet, et l'on devine que là où il a été suffisant pour mettre à nu la tranche des anciens plis primaires, ceux-ci ont eu une sorte d'*action réflexe* sur la sculpture du relief actuel. D'autres différences proviennent des phénomènes éruptifs qui se sont produits en certains endroits, à la faveur des dislocations tertiaires. C'est ainsi que de grandes étendues du Plateau central ont eu leur topographie complètement modifiée par ce genre de phénomènes, tandis que le sol de la Bretagne y a complètement échappé.

Quant au Bassin parisien, c'est une région relativement déprimée qui s'intercale entre les hauteurs que nous venons d'énumérer et celles analogues de la Cornouailles et du pays de Galles en Angleterre, et qu'une coupure toute récente, postérieure à la première partie de l'ère actuelle, la période pléistocène, a divisée en deux parties en constituant la Manche. Les sédiments secondaires arrachés des montagnes voisines par l'érosion se sont conservés là en grande partie par le fait même de l'affaissement relatif.

On voit que cette définition ne se rapproche guère de celle d'un *bassin*. L'expression de Bassin parisien, que l'usage a consacrée, est en effet assez mal choisie et conduit à se faire des idées fausses que l'on trouve complaisamment développées en trop d'endroits. Il ne saurait être, en effet, question de comparer les affleurements des diverses couches du sol, tels qu'on les voit sur une carte géologique, *aux laisses successives* des différentes mers des

n'en a pas été de même de la périphérie qui a dû subir un véritable décapement pour montrer au jour les terrains anciens comme elle le fait aujourd'hui.

époques passées [1], non plus que d'assimiler les hauteurs du Plateau central, des Ardennes et des Vosges aux parois d'une cuvette où se seraient étendues les mêmes mers. Il ne faut pas oublier, en effet, que le relief de ces régions ne date que des *rajeunissements* de l'époque tertiaire, et que maintes de leurs parties ont été recouvertes jadis par les mers que soi-disant elles auraient limitées. Il suffit, au surplus, de jeter un coup d'œil sur les croquis des diverses transgressions de l'ère secondaire de la planche II, pour constater que rien n'a jamais moins ressemblé à un bassin que la région dite parisienne pendant toute la durée de cette ère. Tout au plus cette expression pourrait-elle convenir pour désigner la partie centrale, où les mers tertiaires ont fait retour et déposé une nouvelle suite de nappes sédimentaires. Aussi croyons-nous qu'il faut abandonner l'expression de Bassin parisien, pour lui substituer celle de *Région parisienne* qui a l'avantage de ne pas donner d'idées fausses sur la constitution de ce territoire assez complexe [2].

3) Si on examine, en dernier lieu, les régions déprimées qui séparent le Plateau central de la bande des Pyrénées et des Alpes, on voit qu'elles n'ont pas une analogie complète avec celle du Bassin parisien. Dans ce dernier, qui a été protégé des refoulements alpins par la masse du Plateau central, les plissements ne se sont continués que sous la forme de simples ondes n'imprimant que de légères modifications à la topographie générale qui résulte surtout de l'action de l'érosion sur des nappes sédimentaires légèrement inclinées. Dans les deux autres dépressions, au contraire, les actions mécaniques ont eu bien

---

1. Niox. *Notions géologiques.*
2. Du reste, la Région parisienne n'a pas échappé complètement aux mouvements tertiaires. Les pressions latérales, dues soit à la propagation des ondes du plissement alpin, soit simplement aux mouvements des compartiments du sol, s'y sont traduites par des ondulations qui, chose curieuse, ont pris la disposition planimétrique des anciens plis du socle primaire affaissé.

plus de part dans la disposition du sol. Dans chacune
d'elles les flancs extérieurs ont été entraînés dans le mouvement de plissement, tandis que les flancs intérieurs,
c'est-à-dire ceux qui regardent le Plateau central, se sont
disposés en paquets plus ou moins morcelés par des
failles ; avec cette différence que la largeur de la nappe
aquitanienne a introduit quelque tempérament dans ces
actions mécaniques, tandis que le resserrement du couloir
rhodanien a amené des réactions violentes qui se sont traduites par la discontinuité des auréoles sédimentaires dont
la succession est si régulière dans l'Aquitaine.

*
* *

On voit, par ce qui précède, que les grandes divisions
qu'*il est nécessaire d'introduire* dans l'étude du sol français
découlent directement de l'étude d'ensemble de l'*architecture générale* de l'Europe centrale. Si l'on voulait maintenant aller plus loin et étudier séparément chacun des territoires correspondant à ces grandes divisions, il faudrait
analyser avec un peu plus de détails l'architecture spéciale à ces territoires, puis faire intervenir la *nature des
matériaux* et les lois qui président à la *sculpture* du sol.
Mais ceci sort des limites de notre *introduction générale*
et ne trouve sa place naturelle que dans une étude de détail.

CONCLUSION

En arrêtant ici ces considérations générales, nous espérons avoir convaincu le lecteur de l'intérêt que présentent *les nouvelles méthodes géographiques*. Elles seules offrent le moyen de marcher à pas sûrs, de diviser et de grouper avec intelligence. Si l'on veut pénétrer dans le détail, leur effet est le même, disons même qu'il est plus étendu, car, non seulement ces méthodes permettent d'indiquer des subdivisions rationnelles, mais elles sont les seules qui donnent le moyen de faire des descriptions justes où les mots ne seront pas employés au hasard et souvent à contresens. Ne voit-on pas, en effet, de quelles ressources dispose, pour faire comprendre l'aspect d'un pays, celui qui, après en avoir défini judicieusement l'*architecture* générale, saura y montrer les broderies de la *sculpture*, indiquer les nuances que la *nature des matériaux* introduit dans la répartition de la végétation, la circulation des eaux, rappelant que dans telle ou telle contrée les mêmes causes produisent les mêmes effets, ou comment, au contraire, certaines particularités amènent des dissemblances profondes, malgré une assiette générale qui semble la même au premier abord.

Aussi, nous le disons bien haut, la méthode géomorphogénique est la méthode *nécessaire* de l'enseignement de la géographie physique. *Mais celle-ci est la base obligée de toute étude géographique spécialisée et en particulier de la géographie militaire.* Si la base est peu solide, l'étude spéciale qui y cherche son point d'appui est condamnée à ne point s'approfondir. Nous avons donné à ce sujet, dès le début de cette étude, quelques exemples bien significatifs, et, afin de bien frapper l'attention, nous les avons choisis dans les ouvrages qui sont les plus connus de la masse des officiers. Il eût été facile de les multiplier.

Nous estimons donc qu'il convient de réformer dans ce sens l'enseignement. Le même souhait a déjà été formulé par d'autres; certains même ont cru qu'il fallait aller chercher la lumière au delà des monts. Point n'est besoin d'aller si loin. Aussi avons-nous pensé qu'il n'était pas inutile d'exposer ici les principes qui, de concert avec des données topographiques de même ordre, président, depuis plusieurs années déjà, à l'enseignement de la géographie à notre école de Fontainebleau.

TABLE DES MATIÈRES.

Nancy, imprimerie Berger-Levrault et Cie.

Première assiette architecturale plissée.
(1er cycle d'érosion.)

Réduction à l'état de pénéplaine.

Dépôt de nouvelles couches en discordance.

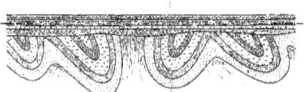

Modification architecturale tabulaire.

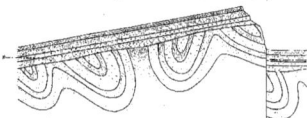

2e cycle d'érosion.

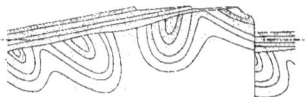

Mise à nu de l'ancienne pénéplaine
et intervention de l'ancienne architecture plissée.

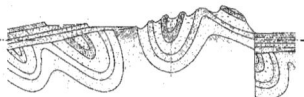

IMBERT — LITH. BARBEY-GABEAUX & Cie.

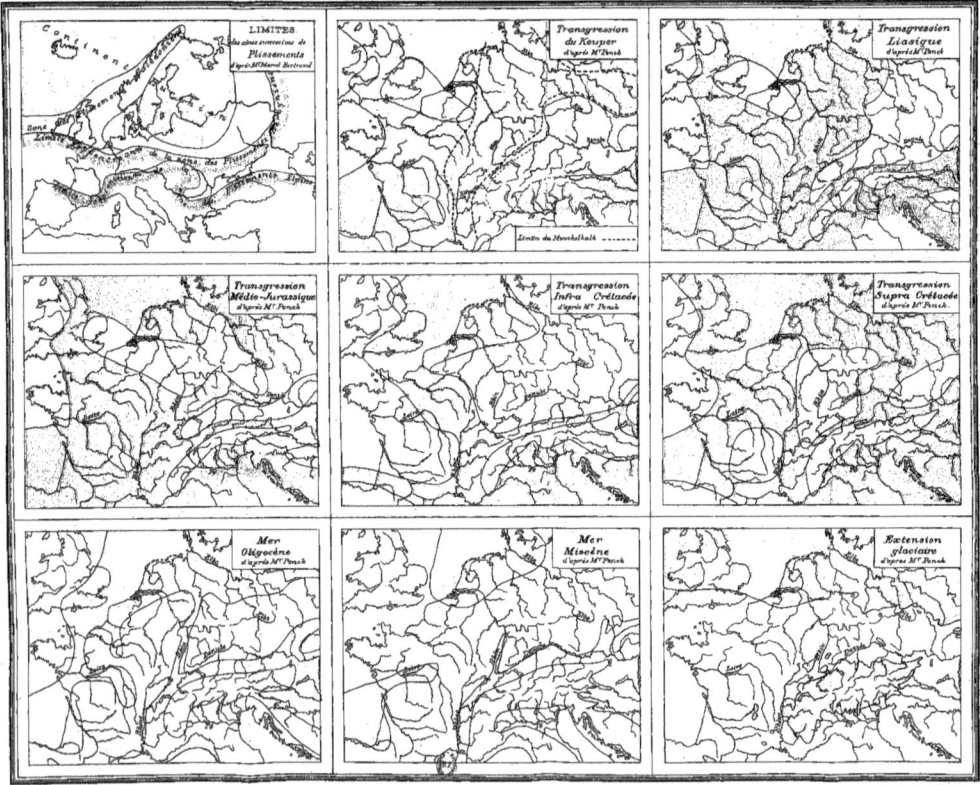

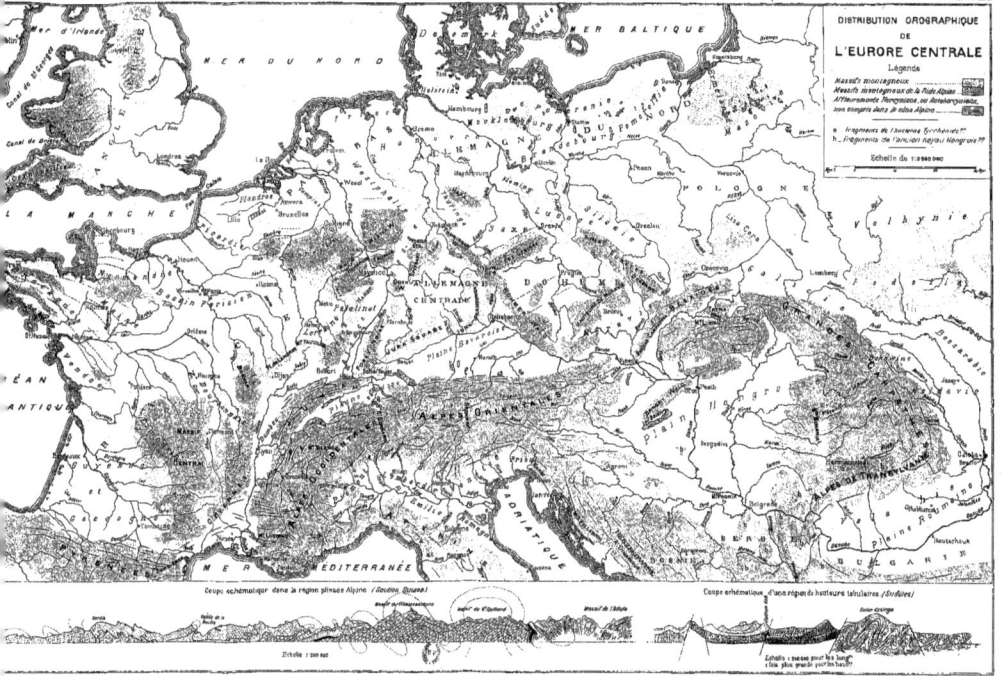

DISTRIBUTION OROGRAPHIQUE
DE
L'EUROPE CENTRALE
Légende

Coupe schématique dans la région plissée Alpine. (Section Rhénane.)

Coupe schématique d'une région de hauteurs tabulaires (Erosive.)

www.ingramcontent.com/pod-product-compliance
Lightning Source LLC
Chambersburg PA
CBHW032247210326
41521CB00031B/1442